비전공자를 위한 R 입문서

R로 만드는 워드 클라우드

비전공자를 위한 R 입문서

R로 만드는 워드 클라우드

초 판 1쇄 발행 : 2018. 07. 30
개정판 1쇄 발행 : 2018. 11. 15

지은이 : 민서희
펴낸이 : 최병윤
펴낸곳 : 행복한마음
출판등록 : 제10-2415호(2002.7.10.)

주소 : 서울 마포구 토정로 222, 422호
전화 : 02-334-9107
팩스 : 02-334-9108
ISBN : 978-89-91705-42-5 03560

R PROGRAMING LANGUAGE
For Beginners

비전공자를 위한 R 입문서

R로 만드는 워드 클라우드

민서희 지음

행복한 마음

R을 처음 공부하시는 분들께
이 책을 바칩니다.

차 례

프/롤/로/그

2016년 4월경, 인간을 대표한 이세돌(李世乭, 1983 ~) 9단과 인공지능을 대표한 알파고(AlphaGo)가 반상(바둑판)을 사이에 두고 세기의 대결을 펼쳤다. 결과는 참담했다. 인간이 인공지능에게 무력하게 4대 1로 무릎을 꿇은 것이다.

당시 저자는, 당연히 이세돌이라는 인간이 이기리라 확신했다. 왜냐하면 바둑돌을 번갈아 두어야 하는 짧은 시간에, 무한에 가까운 경우의 수를 모두 확인하여 바둑돌을 놓는다는 것은, 아직 이르다는 생각에서였다. 헌데 인공지능과 빅데이터 등을 앞세운 알파고에게 허무하게 무너졌다.

저자는 그 때, 약간의 공포를 느꼈다. 그래서 그동안 연구해 오던 언어학의 이론들을 모두 버리고, 알파고 시대에 맞는 새로운 언어이론을 만들어야겠다고 생각했다. 그렇게 절치부심한지 1년 6개월이 지나서 한 권의 책을 탈고할 수 있었다.

에스놀로그(Ethnologue)라는 미국에 있는, 하계 언어학연구소(Summer Institute of Linguistics)에 의하면 2015년 현재, 지구에는 7,102개의 인간 언어가 있다고 한다.[1]

비록 글자가 없을지라도 입으로 하는 말은 7,000개 넘게 있다는 것이다. 그런데 소수민족 중 두 세 명이 사용하던 언어가 그 두 세 명의 죽음으로 인해 매년 수 십 개씩 사라진다는 것이다.

[1) 『언어인간학』 김성도 지음. 경기 2017. 21세기북스, 257쪽.

그래서 저자는, 알파고 같은 인공지능에게 7,102개의 언어를 학습시키면 영구적으로 보존할 수 있겠구나 생각했다. 그래서 7,102개의 언어를 하나로 담아낼 수 있는 이론을 만들어야겠다고 생각했고, 그 이론을 한 권의 책에 담아냈다.

막상 책을 펴내고 나니 이번에는 빅데이터, 인공지능 등에 대한 프로그래밍 기술이 필요하다는 것을 알게 되었다. 그래서 교육기관을 알아보게 되었고, 세 군데 면접을 보고 다 합격하였는데, 강남역에서 가까운 에이콘 아카데미를 선택하여 교육을 받게 되었다.

SQL 책 한 권을 5일 동안 다 배우고 시험을 보며 시작한 학원생활은, 재미도 있었지만 전공이 아니다보니 따라가기 바빴고, 프로젝트며 시험이며 참 힘든 시간의 연속이었지만, 다행히 지금은 수료를 앞두고 있다.

서점에 가보면 파이썬에 대한 책은 초등학생용도 몇 권이 나와 있는데, R은 통계라고 생각해서 그런지 비전공 입문자들이 읽을 만한 책은 쉽게 눈에 띄지 않는다. 이 책은 처음의 저자처럼 아무것도 모르는 사람을 대상으로 하였기 때문에, 많은 것을 다루지 않는다. 이 책을 이해하면 다음 단계의 책들은 서점에 많이 있을 것이다.[2]

잘못된 부분이 있다면, 개정판을 내면서 바로잡을 것을 약속드리며 줄인다.

2018년 6월 하순
에이콘 아카데미에서
저자 삼가 씀

---

2) 에이콘 아카데미의 후배 기수 중, 비전공자 몇 명에게 만이라도 도움이 되면 좋겠다는 생각도, 이 책을 출판하는 결심의 계기가 되었다.

제 1 장

설치하기

R 설치하기

R은 무료로 사용할 수 있다. R을 설치하기 위해서는 먼저 www.r-project.org 에 접속하여야 한다.

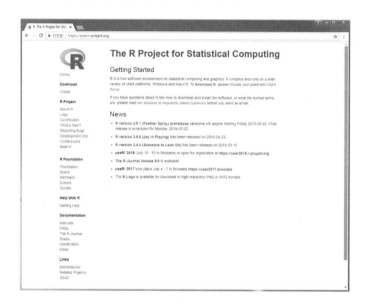

그런 다음, 왼쪽 상단에 있는 Download 아래의 CRAN을 선택한다.

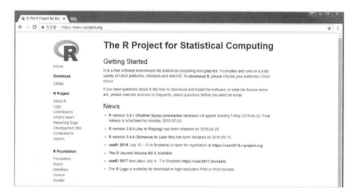

CRAN을 선택하면 아래와 같은 화면이 뜰 것이다.

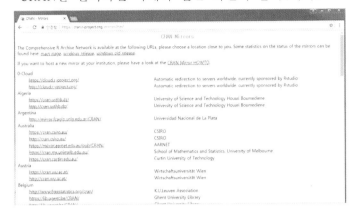

왼쪽에 ABC 순으로 여러 나라들이 나열되어 있는데, 각 나라 밑에는 R을 내려 받을 수 있는 곳이 몇 개씩 있을 것이다.

Korea 아래에 있는 것 중 하나를 클릭하면 아래와 같은 화면이 뜰 것이다.

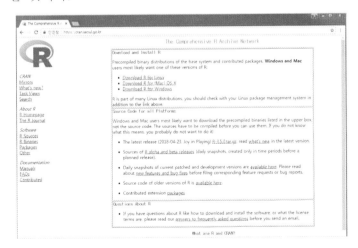

R에는 아래와 같은 세 가지 종류의 운영체제(OS : Operating System)를 지원하는데, 이 책에서는 윈도우를 기준으로 설명할 예정이니 맨 아래에 있는 윈도우(Windows)를 클릭한다.

Download R for Linux
Download R for (Mac) OS X
Download R for Windows

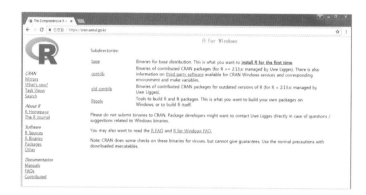

위 그림에 있는 base를 클릭한다.

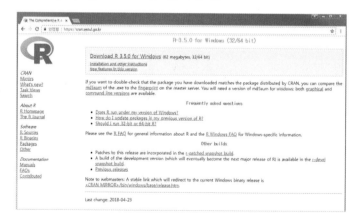

Download R 3.5.0 for Windows 를 클릭하면 다운로드가 시작될 것이다. 다운로드가 다 끝나면 내려 받은 파일을 실행시킨다.

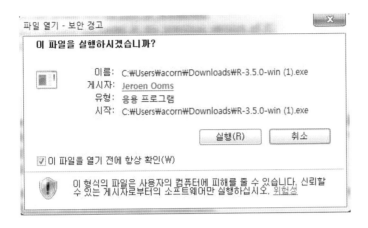

실행을 클릭하면 아래와 같은 화면이 뜰 것이다. 한국어라고 되어있으면 그냥 확인을 누르면 된다. 물론 영어나 다른 언어에 자신이 있는 분은 해당 언어를 선택하면 된다.

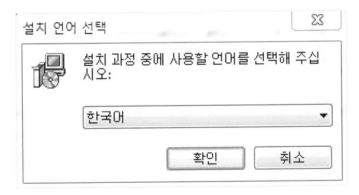

아래와 같은 화면이 보이면 다음을 클릭하면 된다.

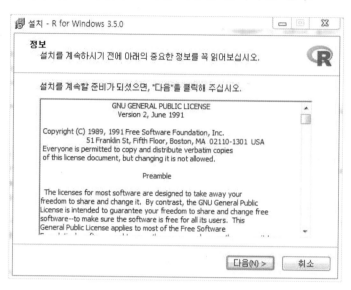

아래와 같은 화면이 보이면 그냥 다음을 클릭한다.

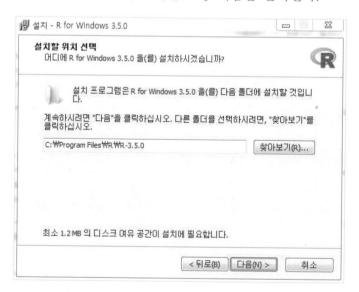

아래와 같은 화면이 나오면 자기 컴퓨터에 맞게 32bit 또는 64bit를 선택하면 된다. 잘 모르면 그냥 다음을 클릭하면 된다.

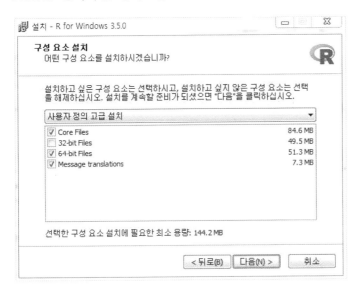

아래와 같은 화면이 보이면 다음을 클릭하면 된다.

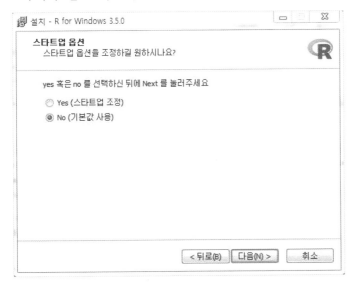

아래와 같은 화면이 보이면 다음을 클릭하면 된다.

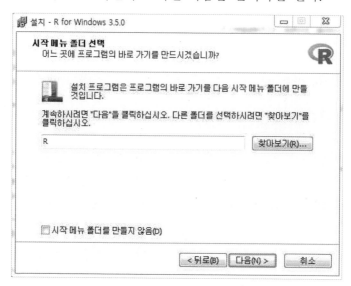

아래와 같은 화면이 보이면 다음을 클릭하면 된다.

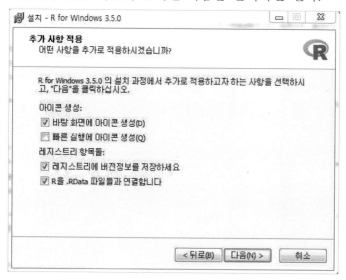

아래와 같은 화면이 보이면서 설치가 진행될 것이다.

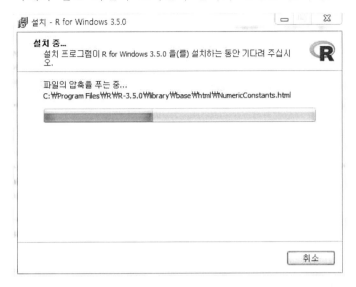

아래와 같이 설치 완료 화면이 뜨면 완료를 클릭하면 된다.

위와 같이 진행하였다면 바탕화면에 아래와 같은 R 프로그램 아이콘이 만들어질 것이다.

위 아이콘을 더블 클릭하면 아래와 같이 실행될 것이다.

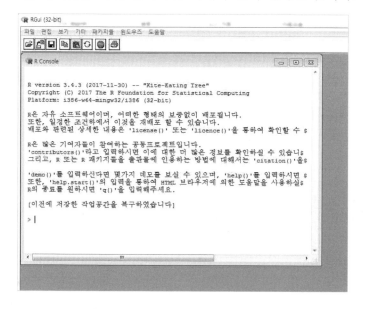

화면 맨 아래에, > 옆에 커서가 깜박일 것이다. 1+2 라고 입력한 다음 엔터키를 눌러보자. 아래와 같이 3이라고 나오면 R이 잘 실행되고 있는 것이다.

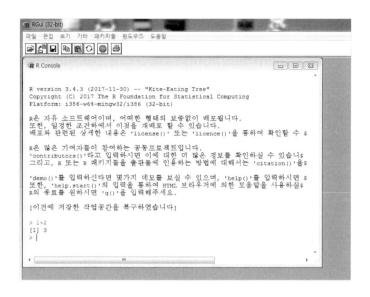

먼저 R을 설치하고, RStudio를 설치한다. 그렇게 한 다음 RStudio를 불러와 RStudio에서 작업하고 저장한다. R이 설치 되었다면 R을 따로 불러오지 않아도, RStudio가 알아서 해준다.

R Studio 설치하기

R 설치가 끝났으면, 이제 R을 좀 더 효율적으로 사용하기 위해 여러개의 편집기 중 RStudio를 설치하기로 한다.

RStudio 역시 무료로 사용할 수 있다. RStudio을 설치하기 위해서는 먼저 www.rstudio.com 에 접속하여야 한다.

www.rstudio.com 에 접속을 하면 아래와 같은 화면이 뜰 것이다.

위 화면의 오른쪽 위를 보면 아래 그림과 같은 Download RStudio 가 보일 것이다.

Download RStudio를 클릭하면 아래와 같은 화면이 뜰 것이다.

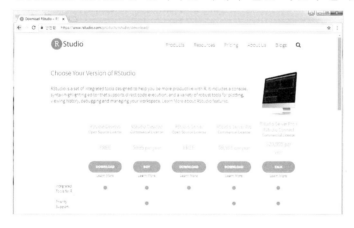

맨 왼쪽에 있는 RStudio Desktop Open Source License를 클릭
하면 아래와 같은 화면이 뜰 것이다.

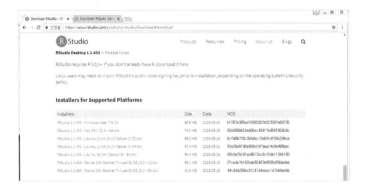

RStudio 1.1.453 - Windows Vista/7/8/10 를 클릭하여 내려 받
는다.

내려 받기가 끝나면 설치를 시작하고, 아래와 같은 화면이 나오면
다음을 클릭한다.

아래와 같은 화면이 나오면 다음을 클릭한다.

아래와 같은 화면이 나오면 설치를 클릭한다.

아래와 같은 화면이 나오면서 설치가 될 것이다.

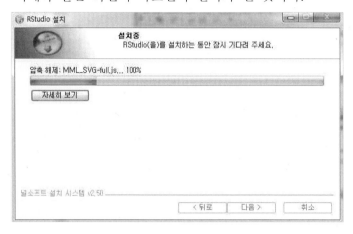

설치가 다 되면 아래와 같은 화면이 뜰 것이다.

위와 같은 화면이 뜨면 마침을 클릭하면 된다.

제 2 장

객체이해

1부터 50까지 더하기

R에서는 무언가를 할 준비가 되면 > 모양으로 대기 상태가 되고, R스튜디오에서는 File 〉 New File 〉 R Scrit 로 들어 가면 아래 그림과 같이 작업창(소스, Source) 좌측에 1이 보이고 커서가 깜박일 것이다.

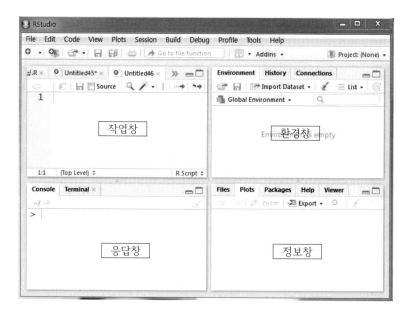

자 위와 같이 준비가 되었다면, 작업창에 아래와 같이 1+2를 입력한 후 엔터키를 눌러보자.

> 1 + 2

아마 아무 변화도 없을 것이다. R스튜디오에서 어떤 명령을 실행할 때는, 실행하고자 하는 곳에 커서를 놓고, 컨트롤키를 누른 상태에서 엔터키를 눌러야 한다. 자 다시 1+2의 옆에 커서를 놓고 컨트롤+엔터키(Ctrl + Enter)를 눌러보자.[3]

> 1 + 2
[1] 3

1+2의 결과가, 응답창(콘솔, Console)에 3이라고 나올 것이다. 근데 3 앞에 [1] 이라는 정체 모를 기호가 있을 것이다. [1] 의 정체를 알기 위해 1부터 50까지 더해 보자.

> 1 + 2 + 3 + 4 + 5 + 6 + 7 + 8 + 9 + 10 + 11 + 12
+ 13 + 14 + 15 + 16 + 17 + 18 + 19 + 20 + 21 + 22
+ 23 + 24 + 25 + 26 + 27 + 28 + 29 + 30 + 31 + 32
+ 33 + 34 + 35 + 36 + 37 + 38 + 39 + 40 + 41 + 42
+ 43 + 44 + 45 + 46 + 47 + 48 + 49 + 50
[1] 1275

응답창(콘솔, Console)에, [1] 1275 라고 나올 것이다. 힘들게 타이핑했는데 [1] 의 정체를 아직 알지 못했다. 하지만 실망하기에는 이르다. R에서는 1부터 50까지를 아주 간단한 방법으로 더할 수 있다.

sum(1 : 50) 이라고 입력하고 실행해보자. sum은 그 뒤, 괄호 안의 내용을 모두 더하라는 명령어이고, 1:50 은 1부터 50까지라는 의미이다. 콜론(:, Colon)은, '콜론 왼쪽 숫자에서부터 콜론 오른쪽 숫자까지 1씩 증가하거나 감소하라는 의미의 기호' 이다.

> sum(1 : 50)
[1] 1275

1부터 50까지 더한 값이 1275라고 나올 것이다. 1부터 50까지 하나하나 더하는 것에 비하면 무척 간단하고 좋은 방법이다. 하지만 우리가 알고 싶었던 [1]의 정체는 아직 해소되지 않았다.

___

3) Mac OS에서는 command + return이 실행 명령어이다.

이번에는 [1]의 정체를 알기 위해, 1부터 50까지 죽 나열해보자. 명령은 간단하다. 그냥 1 : 50 이라고만 하면 된다.

> **1 : 50**

```
[1]   1  2  3  4  5  6   7  8  9  10 11 12 13 14
[15] 15 16 17 18 19 20 21 22 23 24 25 26 27 28
[29] 29 30 31 32 33 34 35 36 37 38 39 40 41 42
[43] 43 44 45 46 47 48 49 50
```

[1]의 정체를 알려고 했는데, 오히려 [15]와 [29] 그리고 [43]이 추가되어 나타났다. 이런 경우를 '배보다 배꼽이 더 크다' 고 하는가 보다.

하지만 뭐 별거 아니다. [1]은 전체 개수 중, 첫 번째를 의미하고 [15]는 15번째를 의미하며, [29]는 29번째를 의미하고 [43]은 43번째를 의미한다. 아마 당연하다고 생각할 것이다. 그렇다면 3부터 53까지를 나열해보자.

> **3 : 53**

```
[1]   3  4  5  6  7  8  9  10 11 12 13 14 15 16
[15] 17 18 19 20 21 22 23 24 25 26 27 28 29 30
[29] 31 32 33 34 35 36 37 38 39 40 41 42 43 44
[43] 45 46 47 48 49 50 51 52 53
```

위 결과를 보면, 전체 개수에서 [1] 번째로 오는 것은 3이고, [15] 번째로 오는 것은 17이며, [29] 번째로 오는 것은 31이고, [43] 번째로 오는 것은 45라는 것을 알 수 있다.

1부터 100까지 더하기

1부터 100까지를 더하면 얼마가 될까? 위에서 50까지 더해 보았으니, 아마 1부터 100까지를 sum(1:100)이라고 하여, 쉽게 구할 수 있을 것이다.

```
> sum(1 : 100)
[1] 5050
```

위에 있는, sum(1:100) 처럼 무언가를 실행하기 위해 써 놓은 것을 명령(어)이라고 한다.

sum(1:100) 이라는 명령을 변형하여 아래와 같이, 좀 다르게 써도 된다. R은 아래와 같은 명령 모두를 같은 것으로 본다.

```
> sum(1, 2, 3, 4 : 98, 99, 100)
> sum(1:50, 51:100)
> sum(1+2+3+4+5, 6:100)
[1] 5050
```

위와 같이 하면, 1부터 100까지 뿐만 아니라 아무리 그 수가 크다고 하더라도 쉽게 구할 수 있을 것이다.

하지만 1부터 100까지 더할 때마다 매번 sum(1:100)이라고 하는 것보다는 아래와 같이, 필요할 때마다 꺼내 쓸 수 있도록 어떤 공간에, 이름을 붙여 보관하는 것이 더 좋다.

```
> a <- sum(1 : 100)
```

위 명령에서, <- 의 의미는 '뒤의 것을 앞의 공간에 넣으라' 는 의미이다. 따라서 위 문장의 전체의미는, 'a 라고 이름 붙인 공간에 1부터 100까지 넣는다.' 라는 의미가 된다.

이제 위 명령을, Ctrl + Enter를 눌러 실행해보자. 아마 아무 변화도 없을 것이다. 위 명령은 단지, 'a라는 장소에 1부터 100까지 더한 값을 저장하라' 는 것일 뿐, 위 문장 자체로는 실행되지 않는다. 위 문장을 실행하기 위해서는 아래와 같이 저장 공간을 불러오면 된다.

```
> a <- sum(1:100)
> a
[1] 5050
```

이제 실행이 되었을 것이다.

이렇게 어떤 공간에 정보를 보관하고 있으면 필요할 때마다 쉽게 불러올 수 있고, 계산할 수 있다. 어떤 숫자를 보관하고 있는 a에 1을 더하면 어떻게 될까!!

```
> a + 1
[5051]
```

위에서 보듯 저장 공간에 1을 더할 수 있다. 자 앞 명령을 b라는 공간에 넣어 b를 실행해 보자. 이때, 계산식 명령에서는 숫자와 숫자 사이에 공백이 얼마든지 올 수 있다.

```
> b <- a      +      1
> b
[5051]
```

잘 실행이 되었을 것이다. 위에서 본 a와 b 같은 것을 **객체**(Object)라고 한다. 좀 더 구체적으로는 '이름 있는 객체' 라고 할 수 있다.

반면 sum(1:100)은 5050으로 그 결과는 같지만 이름이 없기 때문에, 이름으로는 불러올 수 없다.

```
> sum(1:100)
[1] 5050
```

위와 같은 것을 이름 없는 객체라고 한다. 위 명령을 아래와 같이 해도 된다.

```
> (sum(1:100))
> c(sum(1:100))
[1] 5050
```

위 명령에서 C( ) 는, '어떤 것을 괄호( )로 묶어 C 뒤에 놓는다.' 는 의미이다.

또한, 1부터 100까지를 순서대로 나열하는 방법도, 아래와 같이 여러 가지가 있다.

```
> 1 : 100
> (1 : 100)
> c(1:100)
  [1]   1   2   3   4   5   6   7   8   9
 [10]  10  11  12  13  14  15  16  17  18
 [19]  19  20  21  22  23  24  25  26  27
 [28]  28  29  30  31  32  33  34  35  36
 [37]  37  38  39  40  41  42  43  44  45
```

```
[46]   46  47  48  49  50  51  52  53  54
[55]   55  56  57  58  59  60  61  62  63
[64]   64  65  66  67  68  69  70  71  72
[73]   73  74  75  76  77  78  79  80  81
[82]   82  83  84  85  86  87  88  89  90
[91]   91  92  93  94  95  96  97  98  99
[100] 100
```

위에서는 콜론(:, Colon)에 대해서 알아보았다. 콜론과 비슷하게 생긴 세미콜론(;, Semicolon)은 콜론의 용법과는 달리, 여러 명령을 한 줄에 쓸 수 있다.

```
> 5+2 ;  3-1
[1] 7
[1] 2
```

Tip 1

RStudio의 각 창 오른쪽 위, 코너에 있는 사각형 아이콘 두 개를 누르면 창이 위아래로 늘어났다 줄어들었다 할 것이다.

객체의 이름과 원소

R에서의 객체(Object)란 R이 처리할 수 있는 대상을 일컫는 말이다.[4] 이러한 객체에는 이름 있는 객체와 이름 없는 객체가 있다.

효율성을 위해 이 책에서는 이름 있는 객체를 알파객체(α object)라 하고, 이름 없는 객체를 베타객체(β object)라고 하기로 한다. 이름 있는 알파객체는 필요할 때마다 불러올 수 있을 뿐만 아니라, 그 안에 있는 하나하나의 원소도 불러올 수 있다.

객체를 집합(集合, set)이라고 하면, 그 객체 안에 있는 하나하나는, 그 객체의 원소(元素, element)가 된다. 원소를 달리 요소(要素)라고도 한다.

객체의 이름은 로마자로 시작하여야 하며 숫자로 시작할 수 없다는 규칙이 있다. 숫자는 로마자 뒤에 쓸 수 있다. 그리고 특수문자는 객체의 이름 어디에도 쓸 수 없다는 규칙이 있다.

또한 NA, for, if, NULL 등의 예약어는 객체의 이름으로 쓸 수 없다.[5]

```
> a <- 3 : 103
```

위 문장은, 'a 라는 공간에는 3부터 103까지가 들어 있다.' 는 것을 의미하고, 이를 좀 더 깊게 들여다보면, '3부터 103까지 하나하나가 a라는 집합의 원소' 라는 의미를 담고 있다.

---

4) 처리할 수 있는 대상인지는 length( ) 함수에 넣어 보면 알 수 있다. 즉 length( ) 함수에 넣어 에러나지 않고 결과가 나오면 객체인 것이다.
5) NA는 정해진 값을 벗어나 있음을 의미하고, NULL은 값이 정해지지 않아 없는 것과 같은 상태임을 의미한다.

가령 위 알파객체의 4번째 원소를 알고 싶다면, 원소를 [ ] 안에 넣어 불러올 수 있다. 즉 이름 있는 객체의 원소는 [ ]으로 표시하는 것이다.

```
> a[4]
[1] 6
```

위 명령어 중 [4]는, 4를 C로 묶어 다음과 같이 바꿀 수도 있다.

```
> a[ c(4) ]
[1] 6
```

그리고, a 객체의 원소 중 4번째부터 6번째까지 알고 싶으면 콜론(:)으로 지정할 수 있다.

```
> a <- 3 : 103
> a[ 4 : 6 ]
[1] 6 7 8
```

만일 객체 안의 원소 중, 4번째와 6번째의 원소를 알고 싶을 때는 어떻게 할까.

```
> a[4, 6]
Error in a[4, 6] : ~ (이하생략)
```

이때에도 [ ]를 사용하면 되는데, 위와 같이 하면 에러가 날 것이다. 아래처럼 C로 묶어주어야 한다.

```
> a[ c(4, 6)]
[1] 6 8
```

위와 같이 하면, 아무 문제 없이 4번째와 6번째의 원소를 보여
줄 것이다. 반대로 c앞에 − 를 붙이면 그것들을 빼고 가져오라는
의미이다.

```
> a <- 1 : 100
> a[ - c(1, 90) ]
[1] 91 92 93 94 95 96 97 98 99 100
```

위에서 보듯, −c(1:90)의 의미는 1부터 90까지는 빼라는 의미
이기 때문에, 그 나머지인 91~100만 보여준 것을 알 수 있다.

이름 없는 베타객체에서는 객체의 원소를 불러올 수 없다.

```
> (3 : 103)
> [4]
Error: unexpected ~ ()
```

위와 같이 에러 메시지가 나오는 것을 확인할 수 있을 것이다.

반면 이름 있는 알파객체가 모두 숫자이면, 각 원소에 숫자를 더
하거나 뺄 수 있다.

```
> a <- c(3 : 7)
> a[2] + 6
[1] 10
```

```
> a[3] − 1
[1] 4
```

또한, 곱하거나 나눌 수도 있다. R에서의 곱하기 기호는 ∗ 이고,
나누기 기호는 / 이다.

```
> a <- c(3 : 7)
> a[1] * 2
[1] 6
```

```
> a <- c(3 : 7)
> a[2] / 2
[1] 2
```

그리고, 객체가 숫자라면 객체끼리 더하기 빼기 등의 연산을 할 수 있다.

```
> a <- 2
> b <- 3
> c <- a + b
> c
[1] 5
```

위와 같이 숫자로 된 원소를 '숫자형 원소' 라고 한다. 하지만 객체의 원소에는, 숫자만 오는 것이 아니라 아래처럼 문자도 올 수 있다.

문자가 올 때에는 " " 안에 넣어 문자임을 알려 주어야 한다. 만일 " " 없이 그냥 문자를 입력하면, R에서는 " "없는 모든 문자를 객체로 인식하도록 되어 있어서, 이전에 객체로 지정하지 않은 문자라고 판단하여 에러가 난다.

```
c( 개나리 )
Error: object '개나리' not found
```

또한 " " 안에 숫자를 넣으면 그것은 더 이상 숫자가 아니라, 문자로 인식되어 계산을 할 수 없게 된다.

```
> e <- c( "개나리", "진달래" )
> e
[1] "개나리" "진달래"
```

위와 같이, 문자로 된 원소를 '문자형 원소' 라고 한다.

만일 객체 안에 숫자형 원소와 문자형 원소가 섞여 있으면, R에서는 모두 문자형 원소로 취급한다. 즉 문자형이 숫자형 보다 힘이 더 세다고 볼 수 있다.

```
> f <- c( 1, 2, "진달래" )
> f
[1] "1"    "2"    "진달래"
```

어떤 문자를 큰따옴표(겹따옴표, 쌍따옴표)로 둘러싸지 않으면 아래와 같이 에러가 날 것이다.

```
> u <- c( a )
Error: object 'a' not found
```

만일, 아래와 같이 큰따옴표로 둘러싼다면 정상적으로 실행이 될 것이다.

```
> u <- c( "a" )
> u
[1] "a"
```

위에서는 숫자형 원소와 문자형 원소에 대해 알아보았다. 이제 논리형 원소를 알아보자.

논리형 원소에는 TRUE와 FALSE 이렇게 두 가지가 있는데, 숫자형 원소는 큰 따옴표로 감싸지만, 논리형 원소는 큰 따옴표로 감싸지 않는다. 그리고 R은 대소문자를 구별하는 언어이니 TRUE 와 FALSE를 사용할 때는 대문자만 사용하여야 한다.

```
> a <- TRUE
> a
[1] TRUE

> b <- FALSE
> b
[1] FALSE
```

Tip 2

객체 중, 숫자형 원소로 이루어진 것을 숫자형 객체라고 하고, 문자형 원소로 이루어진 것을 문자형 객체라고 하며, 논리형 원소로 이루어진 것을 논리형 객체라고 한다.

Tip 3

이 책에 있는 명령과 실행은 응답창에 있는 결과를 가져 온 것이다. 작업창에서는 > 이 필요 없지만, 응답창에는 > 와 + 등이 보일 것이다. 명령을 실행한 다음 > 이 뜨면 잘 처리되었음을 나타내고, + 는 아직 명령이 끝나지 않았음을 나타내는 기호이다.

객체 안, 원소의 개수

객체 안에 서너 개의 원소가 있다면 쉽게 셀 수 있겠지만, 많은 원소가 있다면 쉽게 셀 수 없을 것이다.

```
> b <- c(15 : 40, 50 : 71)
> b
 [1] 15 16 17 18 19 20 21 22 23 24
[11] 25 26 27 28 29 30 31 32 33 34
[21] 35 36 37 38 39 40 50 51 52 53
[31] 54 55 56 57 58 59 60 61 62 63
[41] 64 65 66 67 68 69 70 71
```

위 결과에서는 맨 아래의 왼쪽에 [41]이 있으니, 41번째가 64라는 것을 알 수 있다. 즉 41부터 오른쪽으로 마지막까지 세어 나가면, 71은 48번째 원소라는 것을 알 수 있다. 이렇게 하여 객체 b에는, 48개의 원소가 있다는 것을 알 수 있지만, 마지막 줄을 처음부터 끝까지 일일이 세어야 하는 수고로움이 뒤따른다.

R에서는 위와 같이 하지 않고도, length( ) 함수를 이용하여 한 번에 객체의 원소가 몇 개인지 알 수 있다. 함수(函數, function)란 뭔가 하도록 미리 약속 되어진 명령어이다.

```
> b <- c(15 : 40, 50 : 71)
> length(b)
[1] 48
```

객체 안의 원소 바꾸기

앞에서는, 각 객체에 더하기 · 빼기 · 곱하기 · 나누기 등의 연산을 할 수 있다는 것을 알아보았다.

객체 안의 원소를 바꾸기 위해, 아래에 임의로 객체를 적어 보았다.

```
> a <- c(3 : 103)
> a[4] - 1
[1] 5
```

자 이제 위 a 객체의 첫 번째 원소 [1] 를 9로 바꿔 보자. 객체의 원소를 바꿀 때는, 객체의 원소를 불러 온 다음 <- 를 이용하여 새로운 내용을 넣어 주면 된다. 그런 다음 a[1]을 실행하여 바꾼 결과를 확인해 볼 수 있다.

```
> a <- c(3 : 103)
> a[1] <- 9
> a[1]
[1] 9
```

위 결과를 보고도 정말 첫 번째 원소가 9로 바뀌었는지 미덥지 않다면, 좀 번거롭긴 하지만, 알파객체 a를 실행하여, a[1]의 원소가 바뀌었는지 확인하는 방법도 있다.

```
> a
 [1]  9   4   5   6   7   8   9  10  11  12  13
[12] 14  15  16  17  18  19  20  21  22  23  24
```

```
 [23]   25   26   27   28   29   30   31   32   33   34   35
 [34]   36   37   38   39   40   41   42   43   44   45   46
 [45]   47   48   49   50   51   52   53   54   55   56   57
 [56]   58   59   60   61   62   63   64   65   66   67   68
 [67]   69   70   71   72   73   74   75   76   77   78   79
 [78]   80   81   82   83   84   85   86   87   88   89   90
 [89]   91   92   93   94   95   96   97   98   99  100  101
[100]  102  103
```

위 결과의 첫 번째를 보면 분명, a[1]이 9로 바뀌었음을 확인할 수 있다.

이제 객체 b를 만들어, 하나 더 연습해보기로 한다.

```
> b <- c(4, 5, 6, 7)
> b[3] <- 10
> b[3]
[1] 10
```

객체 b를 실행하여, 세 번째 원소가 바뀌었는지 확인해보자.

```
> b
[1] 4 5 10 7
```

이렇게 하여, b객체의 세 번째 원소가 10으로 바뀌었음을 확인할 수 있다.

객체의 원소 정렬하기

아래와 같이 순서가 뒤죽박죽인 원소를 보기 좋게 정렬하려고
한다. 어떻게 하면 좋을까!!

```
> d <- c( 7, 5, 6, 4 )
> d
[1] 7 5 6 4
```

위 7, 5, 6, 4를 4, 5, 6, 7이라고 정렬하려고 할 때, R에서 지
원하는 'sort( ) 함수'를 이용하면 쉽게 정렬할 수 있다. 함수(函
數, function)란 뭔가 하도록 미리 약속 되어진 명령어이다.

```
> d <- c(7, 5, 6, 4)
> d
> sort(d)
[1] 4 5 6 7
```

위와 같은 정렬을 오름차순 정렬이라고 한다. 내림차순 정렬을
할 때는 괄호 안에 decreasing = TRUE 를 추가하면 된다.

```
> sort(d, decreasing = TRUE)
[1] 7 6 5 4
```

객체 지우기

R 이나 R 스튜디오에서 작업하다 보면, 이미 만들었던 객체를 지워야 할 때가 발생한다. 이럴 때는 rm( ) 함수를 이용해 지우고자 하는 객체를 지울 수 있다.

```
> aa <- c( 3, 4, 5, 6 )
> aa
[1] 3 4 5 6
```

이제, 위 aa 객체를 rm( ) 함수를 이용하여 지워보자.

제목이나 설명 등을 쓸 때는 #(파운드 사인, pound sign) 다음에 적으면 된다. ## 이렇게 2 개가 공식적이나, # 하나만 사용하여도 문제는 없다. #의 의미는, 설명이니 실행하지 말고 그냥 지나가라는 명령이다. 아래 예문을 통해 확인해 보자.

```
# 객체 지우기
> rm(aa)
> aa
Error: object 'aa' not found
```

위 실행을 통해 #는 그냥 지나갔음을 알 수 있고, aa 가 지워졌기 때문에 실행이 안되는 것 또한 확인할 수 있다.

R 스튜디오에서는 객체 등에 관한 정보를 환경창(엔바이런먼트, Environment)에서 확인할 수 있다. 하지만 만일, R 스튜디오를 장시간 사용 중이라면, rm( ) 함수를 통해 객체를 지우기보다는 R 스튜디오를 다시 시작하는 것이 좋다.

1부터 100까지, 좀 있어 보이게 구하기

앞에서는, 1부터 100까지를 sum( ) 함수를 이용하여 아래와 같이 구하였다.

```
> sum(1 : 100)
[1] 5050
```

그리고 아래와 같은 변형에 대해서도 살펴보았다.

```
> sum(1, 2, 3, 4 : 98, 99, 100)
> sum(1:50, 51:100)
> sum(1+2+3+4+5, 6:100)
```

그런 다음, 이름을 붙여 a라는 알파객체를 만들어 보았다.

```
> a <- sum(1 : 100)
```

이제 1부터 100까지를 우아하게 더하기 위해, for( ) 함수에 대해 알아보자. 아래 명령어에서, for( ) 함수는 그 뒤의 괄호를 반복하라는 명령어이고, in은 in 뒤의 것을 in 앞에 있는 j 에 하나씩 넣으라는 의미이다.

```
> i = 0
> for ( j in 1 : 3 ) {
+   i = i + j
+ }
> i
[1] 6
```

위에서는 1부터 100까지 더할 때 일어나는 과정을 논리적으로 알아보았다. 이에 대해 좀 더 알아보자.

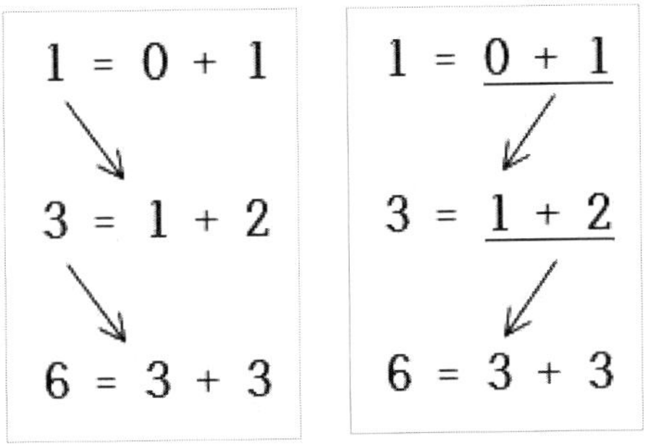

$$1 = 0 + 1$$
$$3 = 1 + 2$$
$$6 = 3 + 3$$

$$1 = \underline{0 + 1}$$
$$3 = \underline{1 + 2}$$
$$6 = 3 + 3$$

위 그림은 1부터 3까지 더하는 과정을 그린 그림이다. 그림을 잘 보면 왼쪽 그림처럼 진행된다는 것은, 결과적으로 오른쪽 그림처럼 진행된다는 것과 같다.

오른쪽 6 = 3 + 3 인데, 가운데 3이 그 전단계의 1+2에서 온 것이니까 이를 논리적으로 다시 써보면 6 = 1+2+3 이 된다.

같은 방식으로 10 = 6 + 4 이고, 6은 앞에서 온 것이니까 이를 논리적으로 써 보면 10 = 1+2+3+4 가 된다. 이와 같은 방식을 논리적으로 연장하면 100 = 1+2+3 ~ 98+99+100 이 된다.

이제 위와 같이 반복된다는 것을 알았으니, 위와 같은 방법으로 1부터 100까지를 더해보자.

```
> i = 0
> for (j in 1:100) {
+    i = i + j
+ }
> i
```

[1] 5050

다시 한번 복습하면, 위 식에서 for 는 반복하라는 의미이고, in 은 in 뒤의 것을 하나씩 in 앞의 j에 넣으라는 의미이다.

i = i + j에는 위 그림에서 살펴본 의미가 숨어있다. 이 숨어 있는 의미로 인해, 입문자들에게 어려움을 주곤 한다. 하지만 숨어있는 내용을 한 번만 이해하면 어려울 거 하나도 없다.

1부터 100까지를 구하는 식을 좀 바꾸어 다음과 같이 표시해도 된다.

```
> i = 0
> for ( j   in   c(1:100) ) {
+    i = i + j
+ }
> i
[1] 5050
```

중급 이상의 실력을 가진 분들에게는 아무것도 아닌 것들이 입문자들에게는 매 순간 넘을 수 없는 벽으로 다가오곤 한다. 하여 위 식을 변형하여 두 가지 정도만 더 소개하려 한다.

아래 식은, 1부터 100까지를 n에 담은 다음, 반복문 for 에서 1 : length(n)을 사용하였다.

```
> n <- c(1:100)
> i = 0
> for ( j in  1 : length(n) ) {
+    i = i + j
```

```
+ }
> i
[1] 5050
```

아래 식은, 1부터 100까지를 n에 담은 다음, 반복문 for에서 c(1 : length(n))를 사용하였다.

```
> n <- c(1:100)
> i = 0
> for ( j in c(1:length(n)) ) {
+   i = i + j
+ }
> i
[1] 5050
```

그런데 왜 굳이 sum(1:100) 이라는 쉬운 방법이 있는데, 위와 같이 어렵게 1부터 100까지를 더하는 걸까? 가령 1부터 100까지 더하다가 4500이 넘으면 그 뒤의 수들을 출력하라고 할 때는, 위와 같은 for() 함수가 필요하기 때문이다.

```
> i = 0
> for ( j in 1:100 ) {
+   i = i + j
+   if ( i > 4500 ) {
+   print( j )
+   }
+ }
[1] 95
[1] 96
[1] 97
```

```
[1] 98
[1] 99
[1] 100
```

위에서 등장한 if( ) 함수는 선택이나 조건을 의미한다. 그리고 print( ) 함수는, 그 뒤 괄호 안의 것을 출력하라는 의미이다.

그런데 막상 출력을 하고 보니까, 95부터 100까지 아래(세로)로 출력이 되었다. 이것을 옆(가로)으로 출력하고 싶으면 cat( ) 함수를 써서 다음과 같이 하면 된다.

```
> i = 0
> for ( j in 1:100 ) {
+    i = i + j
+    if ( i > 4500 ) {
+    cat( j )
+    }
+ }
9596979899100
```

그런데 이번에는 숫자가, 전부 떨어지지 않고 붙은 상태로 나타났다. 붙어 있는 각 숫자들을 떨어뜨리기 위해 cat( ) 함수 뒤에 아래처럼 " "를 추가하면 된다.

```
> i = 0
> for ( j in 1:100 ) {
+    i = i + j
+    if (i > 4500) {
+    cat( j, "" )
+    }
```

```
+ }
95 96 97 98 99 100
```

 만일 1부터 100까지 더하다가 2000이 넘을 때의 값과 숫자를 구하고 싶을 때는 break( ) 함수를 이용하여 아래처럼 구할 수 있다. break( ) 함수는 하던 작업을 멈추고 { } 밖으로 나가라는 명령어이다.

```
> i = 0
> for ( j in 1:100 ) {
+     i = i + j
+     if (i > 2000) break
+ }
> cat( i, j )
2016   63
```

 위 식에서 cat( ) 함수를 print( ) 함수로 바꾸면 어떻게 되는지 보자.

```
> i = 0
> for (j in c(1:100)) {
+   i = i + j
+   if (i > 2000) break
+   print( i, j )
+ }
Error in print. ~ (이하 생략)
```

 위와 같이 에러가 난다. print 함수에서는, (i, j) 처럼 할 수 없다.

 만일 1부터 100까지 더하되, 50~60까지는 빼고 더한다면 어떻게 할까!! sum( ) 함수를 이용하면 아래처럼 쉽게 해결할 수 있다.

```
> a <- sum(1:100)
> b <- sum(50:60)
> c <- a - b
> c
[1] 4445
```

이번에는, 위에 있는 명령을 for( ) 함수로 바꾸어 보자.

```
> ia = 0
> for (j in 1:100) {
+    ia = ia + j
+ }

> ib = 0
> for (j in 50:60) {
+    ib = ib + j
+ }
> c <- ia - ib
> c
[1] 4445
```

위에서는 for( ) 함수를 2번 사용하였다. for( ) 함수 안에, if( ) 함수를 넣고 next 인자를 사용하면, for( ) 함수를 한 번만 사용하여도 된다.

```
> i = 0
> for (j in 1:100) {
+    if ( j >= 50 & j <= 60 ) next
```

```
+   i = i + j
+ }
> i
[1] 4445
```

좀 더 알아보기 1

좀 더 알아보기가 부담스러우면 읽지 않고 그냥 넘어가도 된다.

위 식에 있는 좌측의 + 는 아직 명령이 끝나지 않았음을 나타내는 기호이다. 반면 > 표시 하나만 있으면 명령의 대기이고, 어떤 명령을 실행한 다음 > 이 뜨면 명령이 잘 실행되었음을 의미한다. 자 먼저 위 식의 j 에 1을 넣어 보자.

```
> i = 0
> for ( j in 1 ) {
+   i = i + j
+ }
> i
[1] 1
```

위 식에서 i = i + j 의 의미는, 1 = 0 + 1 이라는 의미이다. 굵은 글씨로 된 1이, j 가 2일 때의 계산에서는, 아래와 같이 = 의 오른쪽에 있는 1의 자리로 이동한다.

```
> for ( j in 2 ) {
+   i = i + j
+ }
```

```
> i
[1] 3
```

위 식에서 i = i + j 의 의미는, <u>3</u> = 1 + 2 라는 의미이다. 밑
줄이 있는 3은, j 가 3일 때의 계산에서는, = 의 오른쪽에 있는
i 자리로 이동한다.

```
> for ( j in 3 ) {
+   i = i + j
+ }
> i
[1] 6
```

위에 있는 i = i + j 의 의미는, 6 = <u>3</u> + 3 이라는 의미이다.
이렇게 하여, 1부터 3까지의 합이 6이라는 것을 알게 되었다. 위
의 과정을 그림으로 표시하면 아래 왼쪽 그림이 된다. 그리고 왼
쪽 그림의 결과값은 <u>i + j</u>를 더한 것이니 중간 그림과 같다. 그런
다음 화살표를 거꾸로 뒤집으면 맨 오른쪽 그림이 된다.

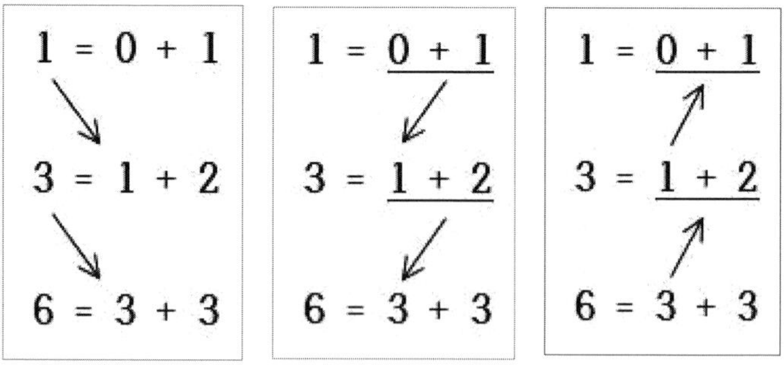

맨 오른쪽 그림에서 화살을 뒤집어 아래부터 거꾸로 생각해 보
면 6=3+3이고, 가운데 3은 1+2에서 온 것이고, 1은 그 위의
0+1에서 온 것이므로, 논리적으로는 맨 오른쪽에 있는 숫자만 위

에서 아래로 차례로 하나씩 늘려가며 더하는 것이 된다. 즉 for( ) 함수에서 일어나는 일을 결과적으로 살펴보면, 아래 그림과 같이 맨 오른쪽의 숫자(j)를 위에서 아래로 하나씩 늘려가며 1=1, 3=1+2, 6=1+2+3 처럼 더하고 있는 것을 확인할 수 있다.

1 = i + 1	i = i + 1	i = i + 1
	3 = i + 2	i = i + 2
		6 = i + 3

결과적으로, for( ) 함수 안에서는 위와 같이 작업하라고 이미 예약되어 있다는 것을 알아야 한다.

좀 더 알아보기 2

1부터 100까지 더할 때 repeat( ) 함수를 이용할 수도 있다. repeat( ) 함수는 for( ) 함수와 달리 1:100을 순차적으로 넣으라는 명령이 없다. 따라서 이를 j=j+1 이라고 만들어 주어야 한다. R에서는, 수학에서의 '같다' 는 기호 = 는, == 라고 해주어야 한다. R에서의 = 는 <- 와 같은 의미로, 뒤의 것을 앞의 것에 넣으라는 기호이다.

```
> i <- 0
> j <- 0
> repeat {
```

```
+   j = j + 1
+   i = i + j
+   if (j == 100) break
+ }
> i
[1] 5050
```

repeat( ) 함수를 써도 아래 그림과 같은 구조에는 변함이 없다.

```
i = i + 1

i = i + 2

6 = i + 3
```

repeat( ) 함수를 이용하여, 1부터 100까지 더하다가 3000이 넘을 때의 값을 출력할 때는, 아래와 같이 하면 된다.

```
> i <- 0
> j <- 0
> repeat {
+   j = j + 1
+   i = i + j
+   if ( i > 3000 ) break
+ }
> j
[1] 77
```

좀 더 알아보기 3

1부터 100까지, 짝수들의 합을 구하려면 어떻게 할까!! seq( ) 함수를 이용하면 짝수들의 합을 쉽게 구할 수 있다.6)

seq( ) 함수는, seq(from, to, by)의 모습을 가지고 있는데, seq(2, 100, 2)라고 하면, 2부터 100까지 2씩 증가하라는 의미이다. 즉 1씩 증가하거나 감소하는 콜론(:)의 확장판이라고 할 수 있다. by에는 1보다 작은 값을 넣을 수 있다. 2부터 10까지 2씩 증가하도록 만들어 보자.

```
> a <- seq(from=2, to=10, by=2)
> a
[1]  2  4  6  8 10
```

이제 2부터 100까지 짝수의 합을 구해보자. 함수에 딸린, 인자의 이름을 사용하지 않으면 정해진 순서에 따라 값을 처리한다.

```
> i = 0
> for ( j in seq(2, 100, 2) ) {
+    i = i + j
+ }
> i
[1] 2550
```

if( ) 함수를 사용하여 구할 수도 있다. / 는 나누는 연산자이고, %%는 나눈 것의 나머지를 구하는 연산자이다. 1부터 100까지를 2로 나누어 그 나머지가 0인 것들이 짝수이고 1인 것들이 홀수이다.

---

6) seq는 sequence의 약자이고, 뜻은 '수열' 이다.

```
> i = 0
> for ( j in 1 : 100 ) {
+    if ( j %% 2 == 0 ) {
+    i = i + j
+    }
+ }
> i
[1] 2550
```

seq(1, 100, 2)를 이용한 1부터 100까지, 홀수들의 합은 아래와 같다!!

```
> i = 0
> for ( j in seq(1, 100, 2) ) {
+    i = i + j
+ }
> i
[1] 2500
```

if( ) 함수와 %% 연산자를 이용하여 구할 수도 있다.

```
> i = 0
> for ( j in 1 : 100 ) {
+    if ( j %% 2 == 1 ) {
+    i = i + j
+    }
+ }
> i
[1] 2500
```

아래 length=5 는 5등분 하라는 의미이다. 1부터 15까지를 5등분하면 아래와 같은 결과를 얻을 수 있다.

```
> iseq (1, 15, length=5)
[1] 1.0   4.5   8.0   11.5   15.0
```

Tip 4

R에서 = 와 <- 는 같은 명령일 때가 있다. 하지만 = 보다는 <-를 쓰기를 권한다. 입문자들은 <- 를 쓰는 것이, 헤깔리지 않아서 좋다.

다만, 함수 안의 인자 중 어떤 것들은 = 를 써야 하는 것이 있으니 그 때는 = 를 쓰고 <- 를 사용해서는 안 된다.

좀 더 알아보기 4

 1부터 100까지를 두 번 더하는 것을 생각해 보자. 1부터 100까지 더한 다음 2를 곱하면 된다. 더한 값을 d에 넣어 확인해보자.

```
> i = 0
> for ( j in 1:100 ) {
+   i = i + j
+ }
> d <- i * 2
> d
[1] 10100
```

 rep( ) 함수는 객체의 원소를 반복할 때 쓸 수 있다. 즉 rep(1:5, each=2)라고 하면 아래와 같이 보여줄 것이다.

```
> rep( 1 : 5, each = 2 )
[1]  1  1  2  2  3  3  4  4  5  5
```

```
> i = 0
> for ( j in rep(1:5, 2) ) {
+   i = i + j
+ }
> i
[1] 30
```

1부터 100까지의 평균 구하기

 앞에서는 1부터 100까지의 합을 알아보았으니, 이제 평균을 알아보자. 우리가 흔히 이야기하는 평균은 '객체의 원소 합을 객체의 원소 수' 로 나눈 값이다.

```
> x <- sum(1:100)
> y <- x / 100
> y
[1] 50.5
```

 위 식에서 / 는 나눗셈을 의미하는 기호(연산자)이다. 위 식을 아래와 같이 좀 간단히 할 수도 있다.

```
> y <- sum(1:100) / 100
> y
[1] 50.5
```

 R에서는, 평균을 전문적으로 구하는 함수인 mean( ) 함수가 있다. mean( ) 함수를 이용하여 평균을 구해보자.

```
> mean(1:100)
[1] 50.5
```

 위 객체에 mean 이라는 이름을 붙여보자.

```
> mean <- mean(1:100)
> mean
[1] 50.5
```

위 식에서 mean이 두 번 등장한다. 하지만 그 의미는 완전히 다르다. 객체의 이름으로 쓰인 맨 앞의 mean과, 자기 뒤에 ( )를 달고 다니는 mean( ) 함수와는 하늘과 땅 만큼이나 차이가 크다.

그 뒤에 ( )를 달고 다니는 함수들은 이미 어떤 것을 하도록 운명이 정해져 있기 때문에 바꿀 수 없는 것들이고, 객체의 이름으로 쓰이는 것들은 언제든 마음만 먹으면 다른 이름으로 바꿀 수 있는 것들이다.

R에 대한 궁금한 사항은, RStudio의 작업창에서 help( ) 함수를 이용하여 도움을 받을 수 있다. 가령 아래와 같이 입력하면, 정보창에 그림과 같은 내용이 뜰 것이다.

> **help(mean)**

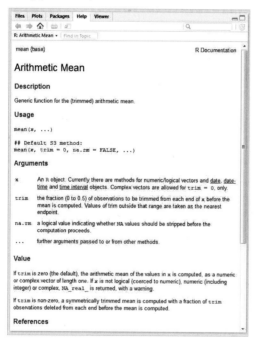

중앙값 알아보기

 중앙값(Median)과 평균(mean)은 그 의미가 다르다. 중앙값은 내림차순이나 오름차순으로 정렬된 숫자들 중, 맨 가운데에 있는 값(수)을 의미한다. 만일 원소의 갯수가 짝수이면 맨 가운데에 있는 두 수의 평균이 중앙값이 된다.

 따라서 중앙값을 기준으로 반절은 중앙값보다 작고, 나머지 반절은 중앙값보다 크다. 가령 c(4, 1, 9, 5, 2, 8, 3)와 같은 베타객체가 있을 경우 작업을 간단하게 하기 위해 a라는 공간에 넣어 알파객체를 만든다.

```
> c(4, 1, 9, 5, 2, 8, 3)
> a <- c(4, 1, 9, 5, 2, 8, 3)
```

 다음, sort( ) 함수를 써서 오름차순으로 정렬해 보자.

```
> a <- c(4, 1, 9, 5, 2, 8, 3)
> sort(a)
[1] 1 2 3 4 5 8 9
```

 만일 내림차순으로 정렬하고 싶으면 괄호 안에 decreasing = TRUE 를 추가하면 된다.

```
> a <- c(4, 1, 9, 5, 2, 8, 3)
> sort(a, decreasing = TRUE)
[1] 9 8 5 4 3 2 1
```

 위에서 보듯, 한가운데에 있는 중앙값은 4이다. 이를 간단하게 알 수 있는 함수가 median( ) 함수이다.

```
> a <- c(4, 1, 9, 5, 2, 8, 3)
> median(a)
[1] 4
```

평균을 전문적으로 구하는 함수인 mean( ) 함수를 사용하여, 중앙값과 차이가 나는지 알아보자.

```
> a <- c(4, 1, 9, 5, 2, 8, 3)
> mean(a)
[1] 4.571429
```

위에서 확인해보았듯이, 평균값과 중앙값은 다르다. 물론 같을 수도 있다. 1, 2, 3 의 평균과 중앙값은 2 이다. 하지만 평균과 중앙값이 다를 수 있다는 점을 늘 기억하고 있어야 한다.

Tip 5

a라는 객체에 3을 넣고, 다음에 4를 넣은 다음, 마지막으로 5를 넣었다면 a라는 객체는 맨 마지막에 넣은 것만 기억하고 그 이전 것은 시원하게 날려버린다. 즉 맨 마지막에 넣은 것만 보관하고 있으니 R입문자는 이것을 기억하고 있어야 한다.

```
> a <- 3
> a <- 4
> a <- 5
> a
[1] 5
```

객체, 좀 더 알아보기

객체에는 동일객체와 독립객체가 있다. 동일객체는 다시 벡터(Vector), 매트릭스(Matrix), 어레이(Array)로 나누어지고 독립객체는 리스트(List)와 데이터 프레임(Data Frame)으로 나누어진다.

벡터, 1차원 동일객체

객체 안의 원소가 하나이면 '스칼라(Scalar)'라고 하고, 두 개 이상이면서 같은 것으로만 구성된 것을 벡터(Vector)라고 한다. 즉 객체의 원소가 숫자로만 이루어져 있던가, 문자로만 이루어져 있던가, 논리형으로만 이루어져 있으면 그것을 벡터라고 한다.

따라서 벡터는 크게, 숫자로만 이루어진 숫자형 벡터, 문자로만 이루어진 문자형 벡터, 참과 거짓으로만 이루어진 논리형 벡터로 나누어진다.

그리고 숫자형 벡터는 다시 정수형 벡터와 실수형 벡터로 나누어지고, 문자형 벡터는 다시 문자형 벡터와 명목형 벡터로 나누어진다. 명목형 벡터를 달리 팩터(Factor)라고 한다. 명목형이란 순서나 계층 등이 있는 벡터이다.

벡터는 c( ), seq( ), rep( ) 함수 등으로 만들 수 있다.

```
> 1 : 4
[1] 1 2 3 4

> c( 1 : 4 )
[1] 1 2 3 4
```

동일객체인 벡터 안에 동일하지 않은 숫자, 문자가 같이 있으면 무조건 문자로 처리된다.

```
> c( 1 : 4, "낙타" )
[1] "1"    "2"    "3"    "4"    "낙타"
```

매트릭스, 2차원 동일객체

가로와 세로가 모두 숫자로만 이루어진 객체를 매트릭스라고 한다. 가로를 행(行, 관측치, row)이라고 하고, 세로를 열(列, 변수, column)이라고 한다. 가로는 위에서 아래로 1행, 2행, 3행으로 나타내고 열은 좌에서 우로 1열, 2열, 3열로 나타낸다. 매트릭스 함수의 생김새(구조)는 다음과 같다.

matrix(값, nrow=행의 개수, ncol=열의 개수, byrow=F)

직접 샐행해 보자.

```
> matrix(1:9, nrow=3)
      [,1]  [,2]  [,3]
[1,]    1     4     7
[2,]    2     5     8,
[3,]    3     6     9


> matrix(1:6, ncol=3)
      [,1]  [,2]  [,3]
[1,]    1     3     5
[2,]    2     4     6
```

위와 같이, byrow가 없으면 기본값이 byrow=F이다. 아래에서는 byrow=T라고 해보자. 그러면 순서가 바뀐다.

```
> a <- matrix( 1:9, ncol=3, byrow=T )
> a
     [,1] [,2] [,3]
[1,]   1    2    3
[2,]   4    5    6
[3,]   7    8    9
```

위 결과를 보고, 6만 따로 불러올 때는 위치를 이용하여 a[2, 3] 이라고 행과 열을 써주면 된다.

```
> a[2, 3]
[1] 6
```

만일 4 5 6을 모두 불러올 때는 a[2,] 이라고 열을 비우면 된다. 이렇게 비우면 '모두' 라는 의미가 된다.

```
> a[2, ]
[1] 4 5 6
```

어레이, 3차원 동일객체

어레이는 매트릭스가 쌓여 입체로 되어있는 동일객체이다. 어레이 명령의 구조는 다음과 같다.

```
array(값, dim=c( 행, 열, 쪽))
```

```
> a <- array(1:18, dim = c(3, 3, 2))
> a
, , 1

     [,1]  [,2]  [,3]
[1,]   1    4    7
[2,]   2    5    8
[3,]   3    6    9


, , 2

     [,1]  [,2]  [,3]
[1,]  10    13    16
[2,]  11    14    17
[3,]  12    15    18
```

위에서 보듯 2페이지가 있는 것을 알 수 있다. 그리고 위 결과의 , , 1 은 행, 열, 쪽(페이지) 중 쪽을 의미한다. 따라서 , , 2 는 2쪽(페이지)가 된다.

만일 행, 렬, 쪽이라는 위치 정보를 이용하여 17만 불러오고 싶으면 a[2, 3, 2] 라고 하면 된다.

```
> a[2, 3, 2]
[1] 17
```

그리고 2 5 8을 불러오고 싶으면, a[2, ,1] 이라고 하면 된다. 가운데가 비워져 있는데, 이렇게 비우면 '모두' 라는 의미가 된다.

```
> a[2, , 1]
[1] 2 5 8
```

리스트, 1차원 독립객체

리스트는 독립적이기 때문에 동일하지 않은 데이터를 넣을 수 있다.

가령, 아래와 같은 벡터에서는 동일해야 하기 때문에 결과가 모두 문자형으로 바뀐다.

```
> a <- (1, "가", TRUE)
> a
[1] "1"      "가"      "TRUE"
```

하지만 아래 리스트에서는 독립객체이니, 무난하게 명령이 실행된다. 다만 독립적이기 때문에 1구간, 2구간, 3구간 등으로 나눌 수 있다. 아래 리스트는 3개의 구간을 가지고 있으며, 2는 1구간의 2번째 원소가 된다. 즉 구간기호는 [[ ]] 이고, 원소기호는 [ ] 이다.

```
> a <- list(1:3, "가", TRUE)
[[1]]
[1] 1 2 3

[[2]]
[1] "가"

[[3]]
[1] TRUE
```

위 리스트에서 1 2 3 모두를 불러올 때는 먼저 1구간을 의미하는 [[1]]를 사용하고, 2만 불러올 때는 1구간 [[1]] 2원소 [2] 라고 하여야 한다.

```
> a[[1]]
[1] 1 2 3
```

```
> a[[1]] [2]
[1] 2
```

또한 1 2 만 불러올 때는 a[[1]] [1:2] 라고 하여야 한다.

```
> a[[1]][1:2]
[1] 1 2
```

마찬가지 방법으로, "가"를 불러올 때는 2번째 구간을 표시하여
a[[2]] 라고 하여야 한다.

```
> a[[2]]
[1] "가"
```

만일 unlist( ) 함수를 사용하면 list의 기능을 소멸시켜 결과적
으로 벡터객체인 c( ) 함수처럼 만든다.

```
> c( "가", 2 )
[1] "가" "2"
```

```
> b <- list("가", 2)
> unlist( b )
[1] "가" "2"
```

데이터 프레임, 2차원 독립객체

데이터 프레임은 행과 열이 있는 2차원이다. 2차원 매트릭스와 다른 점은 매트릭스는 모든 데이터가 숫자로 된 벡터인 반면, 데이터 프레임은 각 열끼리만 같은 성질로 된 벡터라는 것이다.[7]

성격이 다른 객체 3개를 만들어 보자.

```
> a <- c(1, 2, 3)
> b <- c("가", "나", "다")
> c <- c(TRUE, TRUE, FALSE)
```

위 벡터 세 개로 데이터 프레임을 만들어 보자. RStudio의 작업 창에서 데이터 프레임 명령어를 쓰려고, data까지 입력하면 그 오른쪽에 작업을 쉽게 할 수 있도록 여러 명령어를 보여주는 도움창이 뜰 수 있다. 이때는 당황하지 말고 위아래 방향키를 사용하여 원하는 명령으로 이동하여 엔터를 누르면 된다.

```
> data.frame(a, b, c)
  a b    c
1 1 가  TRUE
2 2 나  TRUE
3 3 다 FALSE
```

데이터 프레임의 장점은 각 열의 성격이 같기 때문에 이를 훌륭히 활용할 수 있다는 것이다. 가령 아래와 같은 벡터가 있을 때, 각 벡터의 평균을 구해보자.

```
> a <- c(1, 2, 3)
```

---

7) 데이터 프레임에 대해서는 이 책 90~91쪽에 조금 더 있다.

```
> b <- c(4, 5, 6)
> c <- c(7, 8, 9)
> d <- c(10, 11, 12)
> e <- c(13, 14, 15)
```

평균을 한 번에 구할 수 있을까?

```
> mean(a, b, c, d, e)
Error in mean.default(a, b, c, d, e) : ~~~ (이하 생략)
```

위에서 보았듯이 R에서는 한 번에 평균을 구할 수는 없다. 아래와 같이 각각 mean(a)처럼 구해야 한다.

```
> mean(a)
[1] 2
```

```
> mean(b)
[1] 5
```

```
> mean(c)
[1] 8
```

```
> mean(d)
[1] 11
```

```
> mean(e)
[1] 14
```

아니면 for( ) 함수를 사용해야 한다. 하지만 데이터 프레임으로 바꾸면 쉽게 구할 수 있다.

```
> L <- data.frame(a, b, c, d, e)
> L
  a b c d  e
1 1 4 7 10 13
2 2 5 8 11 14
3 3 6 9 12 15


> apply(L, 2, mean)
 a  b  c  d  e
 2  5  8 11 14
```

위 데이터 프레임 안의 명령 L은 데이터 프레임의 이름이고, 2는 열을 의미한다. 만약 1이 왔다면 행을 의미한다. 즉 행과 열을 1과 2로 나타내는 것이다. 그리고 세 번째 mean은 평균을 의미한다.

위에 있는 데이터 프레임을 눈으로 확인해 보도록 하자. 눈으로 확인할 때는 View( ) 함수를 사용한다.

```
> a <- c(1, 2, 3)
> b <- c(4, 5, 6)
> c <- c(7, 8, 9)
> d <- c(10, 11, 12)
> e <- c(13, 14, 15)
> L <- data.frame(a, b, c, d, e)
> L
  a b c d  e
1 1 4 7 10 13
2 2 5 8 11 14
3 3 6 9 12 15
```

> View(L)

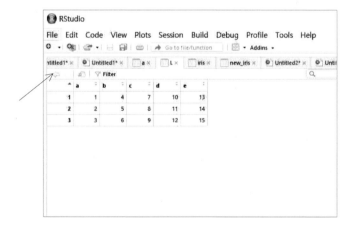

다시 작업창으로 돌아갈 때는 아래 그림의 화살표를 누르면 된다. 그리고 그 오른쪽 화살표를 클릭하면 다시 View로 이동한다. 왕초보 때는 이런 거 하나하나가 사람을 참 힘들게 한다.

적은 데이터를 데이터 프레임에 입력할 때는, edit( ) 함수를 사용하면 좋다. 먼저 아무 것도 없는 데이터 프레임을 만들어 a객체에 넣어 보자. 그런 다음 a객체를 edit( ) 함수에 넣어 실행한다.

```
> a <- data.frame()
> edit(a)
```

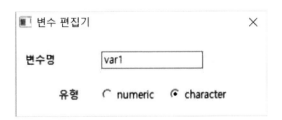

그 상태에서 '편집'이라는 글씨 아래에 있는, var1을 누르면 아래 그림과 같은 '변수 편집기'가 나올 것이다.

변수명을 적고 유형을 선택한 다음, 엔터키를 누르면 된다. 그런다음 아래 그림처럼 열을 기준으로 '1, 2, 3 과 가, 나, 다'를 입력한 다음 '파일 -> 닫기'하여 저장해 보자.

파일 편집 도움말

	var1	var2	var3
1	1	가	
2	2	나	
3	3	다	
4			
5			
6			
7			

아마 아래와 같이 응답창에 나올 것이다.

```
  var1 var2
1   1   가
2   2   나
3   3   다
```

APPLY 함수

apply( ) 함수는 동일객체 안에 있는 <u>행과 열을 쉽게 반복하여</u> <u>작업</u>하기 위해 만든 함수이다.

apply( ) 함수에서 파생된 함수들이 몇 개 있다. 가령 독립객체인 리스트에 어플라이 함수를 적용하면 lapply( ) 함수가 된다. 즉 lapply = list+apply에서 온 말이다.

apply( ) 함수의 생김새(구조)는 아래와 같다. 알파객체는 이름이 있는 객체이다. 행/렬은 행이나 열 중에 하나를 의미하는데, 1은 행을 2는 열을 의미한다.

apply(알파객체, 행/렬, 함수)

앞에서 처리한 결과를 다시 한 번 살펴보면 도움이 될 것이다.

```
> a <- c(1, 2, 3)
> b <- c(4, 5, 6)
> c <- c(7, 8, 9)
> d <- c(10, 11, 12)
> e <- c(13, 14, 15)
> L <- data.frame(a, b, c, d, e)
> L
  a b c  d  e
1 1 4 7 10 13
2 2 5 8 11 14
3 3 6 9 12 15

> apply(L, 2, mean)
 a  b  c  d  e
 2  5  8 11 14
```

SAPPLY 함수

sapply( ) 함수는 apply와 달리 행을 사용하지 않고, 열에만 사용할 수 있다. 그렇기 때문에 행과 열을 선택할 필요가 없다. 그래서 sapply( ) 함수의 생김새(구조)는 아래와 같다.

apply(알파객체, 함수)

```
> a <- c(1, 2, 3)
> b <- c(4, 5, 6)
> c <- c(7, 8, 9)
> d <- c(10, 11, 12)
> e <- c(13, 14, 15)
> L <- data.frame(a, b, c, d, e)
> L
  a b c  d  e
1 1 4 7 10 13
2 2 5 8 11 14
3 3 6 9 12 15

> sapply(L, mean)
 a  b  c  d  e
 2  5  8 11 14
```

그리고 sapply( ) 함수의 결과는 성격이 같은 단일객체를 만들어 낸다. 이것을 기억하고 있어야 한다.

제 3 장

그래프

그래픽 함수

R의 그래픽 함수에는 G1함수와 G2함수가 있다. G1함수는 어떤 목적에 맞는 그래프를 만드는 함수이고, G2함수는 G1함수를 더욱 돋보이게 꾸미는 함수이다.

G1 함수에는 다음과 같은 것들이 있다.

G1 함수	설 명
plot( )	산포도, 분포도, 산점도를 그리는 함수
boxplot( )	박스그래프를 그리는 함수
hist( )	히스토그램을 그리는 함수
barplot( )	막대그래프를 그리는 함수
pie( )	원그래프를 그리는 함수
curve( )	1차원 함수적용 그래프 함수
qqnorm( )	사분위수 그래프 함수

G1 함수를 통상 고수준 그래픽 함수(high-level graphics function)라 하고 G2 함수를 저수준 그래픽 함수(low-level graphics function)라고 하는데, 글만 보아서는 더 선명한 함수와 그렇지 않은 함수로 오해될 수 있어서, 이 책에서는 G1 함수와 G2 함수라고 하였다.

G2 함수에는 다음과 같은 것들이 있다.

G2 함수	설 명
points	점 추가 함수 (pch=0~25)
lines	선 추가 함수 (lty=0~6)
abline	직선 추가 함수
segments	선분 추가 함수
polygon	다각형 선분 추가 함수
text	문자 추가 함수
title	제목에 속성 지정 함수
legend	범례 추가 함수
grid	격자 추가 함수
arrows	화살표 추가 함수
par	그래프 속성 추가, 변경 함수

Tip 6

작업을 하다보면 응답창(Console)을 모두 지우고 싶을 때가 있다. 그럴때는 응답창으로 가지말고, 작업창에서 컨트롤+L을 누르면 된다.

점그래프 그리기

두 객체를 만들어 점그래프(스캐터 플롯, scatter plot)를 그려보기로 한다. 먼저 plot(x=1, y=1) 이라고 실행해보자. plot( ) 함수는 R의 내부함수여서, 외부에서 불러올 필요가 없다. 그냥 실행하면 된다.

> plot(x=1, y=1)

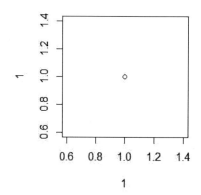

이번에는 x와 y에 1부터 4까지 넣어보자.

> plot(x=(1, 2, 3, 4), y=(1, 2, 3, 4))
Error: unexpected ',' in "plot(x=(1,"

위와 같이 에러가 날 것이다. 아래와 같이 x와 y라는 객체를 만든 다음 실행해 보자. 이때 x와 y의 원소의 개수가 같아야 한다.

> x <- c(1, 2, 3, 4)
> y <- c(1, 2, 3, 4)

이제 plot(x, y) 라고 실행해보자. 그러면 아래와 같은 점그래프가 그려질 것이다. 위 명령을 달리 plot(x=1:4, y=1:4)라고 할 수도 있다.

> plot(x, y)

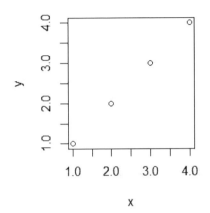

점그래프(Scatter plot)를 만들어 보았으니, 조금 욕심을 내어 위 그래프의 점(동그라미)에 색깔을 넣어보자. col="blue" 라고 하면, x값과 y값이 만나는 점(동그라미)이 파란색으로 바뀔 것이다.

> plot(x, y, col = "blue")

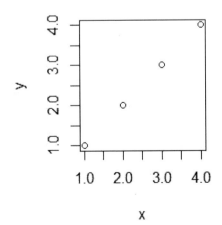

R에서 지원하는 색깔을 보기 위해, color( ) 함수를 실행하면 650개가 넘는 색깔 이름이 나올 것이다.

> color( )

```
[1]  "white"           "aliceblue"        "antiquewhite"
[4]  "antiquewhite1"   "antiquewhite2"    "antiquewhite3"
[7]  "antiquewhite4"   "aquamarine"       "aquamarine1"
[10] "aquamarine2"     "aquamarine3"      "aquamarine4"


[646] "wheat"          "wheat1"           "wheat2"
[649] "wheat3"         "wheat4"           "whitesmoke"
[652] "yellow"         "yellow1"          "yellow2"
[655] "yellow3"        "yellow4"          "yellowgreen"
```

위에 있는 색깔의 이름을 사용해도 되고, RGB 값을 넣어주어도 된다. #0000FF는 blue의 RGB 값이다.

> plot(x, y, col = "#0000FF")

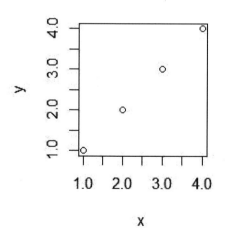

위에서는 색을 바꾸어 보았다. 이제 x와 y가 만나는 점(동그라미)을 pch='$' 라고 입력하여, $ 모양으로 바꾸어 보자.

> plot(x, y, col = "blue", pch='$')

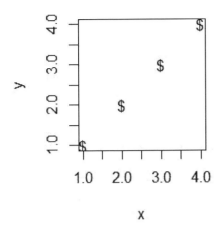

만일 다른 모양을 원하면, 명령어 끝에 있는 pch = '$' 에서, $
대신 키보드 판에 있는 다른 것들을 입력하면, 입력한 것으로 바
뀔 것이다. 이번에는 pch 뒤에 아래와 같이, 1~25까지의 숫자를
넣어보자, 그러면 또다른 모양이 나타날 것이다.[8]

> plot(x, y, col="blue", pch=24)

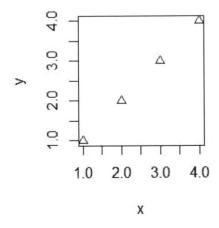

---

8) R 3.4.4 에서는 1~25까지의 숫자를 지원한다.

그래프 두 개를 한 번에 보고 싶을 때는 par(mfrow=c()) 함수를 이용하면 된다.

만일 좌우 두 개로 보고 싶으면 par(mfrow=c(1, 2))라고 하고, 위아래 좌우 네 개로 보고 싶으면 par(mfrow=c(2, 2))라고 하면 된다. 위 c(1, 2)에서 1은 행을 의미하고, 2는 열을 의미한다. 마찬가지로 c(2, 2)에서 앞의 2는 행을 의미하고, 뒤의 2는 열을 의미한다.

```
> par(mfrow=c(1, 2))
> plot(x, y, col = "blue", pch='&')
> plot(x, y, col = "blue", pch=15)
```

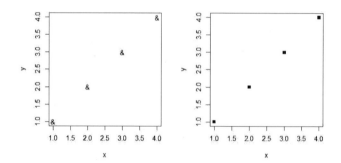

위아래 두 개와 좌우 두 개로 보고 싶으면, par(mfrow=c(2, 2))라고 하면 된다. c(2, 2)에서 앞의 2는 위아래 행을 의미하고, 뒤의 2는 좌우 열을 의미한다.

```
> par(mfrow = c(2, 2))
> plot(x, y, col = "red", pch = 'p')
> plot(x, y, col = "blue", pch = 22)
> plot(x, y, col = "green", pch = "#")
> plot(x, y, col = "black", pch = 8)
```

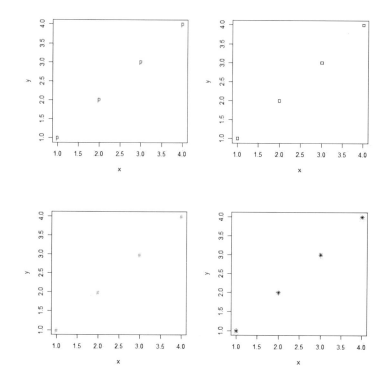

위 그림을 보면 x축의 이름은 x이고, y축의 이름은 y라고 되어
있다. 이제 x축과 y축의 이름을 각각 '남자'와 '여자'라고 바꿔
보자.

x축의 이름을 바꾸는 명령은 xlab = " "이고, y축의 이름을
바꾸는 명령은 ylab = " "이다. 제목이나 설명을 할 때는 #(파
운드 사인, pound sign)을 사용한다. #는 실행하지 않고 그냥 지나가
라는 명령이다.

```
# x축과 y축의 이름 바꾸기
> plot(x, y, col = "red", pch=8, xlab = "남자", ylab="여자")
```

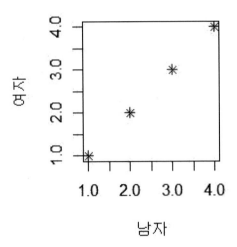

점그래프의 점의 크기는 'cex = 숫자' 를 써서 조절할 수 있다. 함수 안의 명령이 길 때에는 쉼표 뒤에서 언제든지 다음 줄로 내리면 된다.

```
> plot(x, y, col = "red", pch = 8,
       xlab = "남자", ylab="여자", cex=3)
```

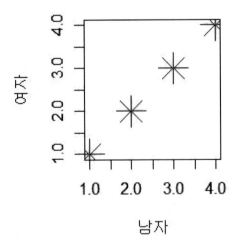

점그래프에서 점의 크기를 넣어 주지 않으면, 기본으로 설정된 값인 cex = 1 로 실행된다.

위 점그래프들은 모두 제목이 없다. 이제 제목을 넣어보자. 제목 은 main = "   " 으로 만든다. main = "남녀비교" 라고 해보자. 혹 명령어가 길면 쉼표 다음에서 그 다음 줄로 내리면 된다.

```
> x <- c(1, 2, 3, 4)
> y <- c(1, 2, 3, 4)
> plot(x, y, xlab = "남자", ylab="여자",
       col="red", pch=8, cex=3,
       main="남녀비교")
```

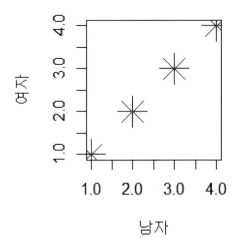

위에 있는 명령어를 보면 xlab="남자", ylab="여자"를 앞쪽으로 약간 이동하였다. 각 함수가 가지고 있는 괄호 안의 명령어를 인 자(argument)라고 하는데, 인자에 이름이 있을 경우 그 위치는 자 유롭다. 인자의 이름을 사용하지 않으면, 각 함수에 정해진 순서대로 처리한다.

 x축의 길이와 y축의 길이도 바꿀 수 있는데, x축은 xlim 인자를
사용하고, y축은 ylim 인자를 사용한다.

```
> x <- c(1, 2, 3, 4)
> y <- c(1, 2, 3, 4)
> plot(x, y,
        xlab = "남자", ylab="여자",
        col="red", pch=8, cex=3,
        main="남녀비교",
        xlim=c(0.5, 4.5), ylim=c(0.5, 4.5))
```

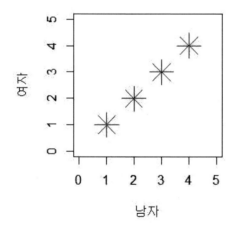

점그래프에 범례 만들기

작업창에 iris 라고 입력하고 실행해보자. 아이리스(iris) 꽃을 한 국어로는 붓꽃이라고 한다.

> iris

145	6.7	3.3	5.7	2.5	virginica
146	6.7	3.0	5.2	2.3	virginica
147	6.3	2.5	5.0	1.9	virginica
148	6.5	3.0	5.2	2.0	virginica
149	6.2	3.4	5.4	2.3	virginica
150	5.9	3.0	5.1	1.8	virginica

많은 자료가 죽 지나간 다음 위와 같이 보일 것이다. 이제 맨 앞 6개만 보여주는 head( ) 함수를 사용해보자.

> head(iris)

	Sepal.Length	Sepal.Width	Petal.Length	Petal.Width	Species
1	5.1	3.5	1.4	0.2	setosa
2	4.9	3.0	1.4	0.2	setosa
3	4.7	3.2	1.3	0.2	setosa
4	4.6	3.1	1.5	0.2	setosa
5	5.0	3.6	1.4	0.2	setosa
6	5.4	3.9	1.7	0.4	setosa

만일 앞에 있는 것 3개를 보고 싶으면 head(iris, n=3) 또는 그 냥 head(iris, 3) 이라고 하면 된다.

> head(iris, n=3)

	Sepal.Length	Sepal.Width	Petal.Length	Petal.Width	Species
1	5.1	3.5	1.4	0.2	setosa
2	4.9	3.0	1.4	0.2	setosa
3	4.7	3.2	1.3	0.2	setosa

이제, 앞에 있는 것이 아닌 뒤에 있는 것을 보고 싶으면 tail( ) 함수를 사용하면 된다. tail( ) 함수는 뒤에 있는 6개를 보여주는 함수이다.

> tail(iris)

```
    Sepal.Length Sepal.Width Petal.Length Petal.Width   Species
145          6.7         3.3          5.7         2.5 virginica
146          6.7         3.0          5.2         2.3 virginica
147          6.3         2.5          5.0         1.9 virginica
148          6.5         3.0          5.2         2.0 virginica
149          6.2         3.4          5.4         2.3 virginica
150          5.9         3.0          5.1         1.8 virginica
```

만일, 뒤에 있는 것 10개를 보고 싶으면 n=10을 추가하여 tail(iris, n=10) 또는 그냥 tail(iris, 10) 이라고 하면 된다.

```
    Sepal.Length Sepal.Width Petal.Length Petal.Width   Species
141          6.7         3.1          5.6         2.4 virginica
142          6.9         3.1          5.1         2.3 virginica
143          5.8         2.7          5.1         1.9 virginica
144          6.8         3.2          5.9         2.3 virginica
145          6.7         3.3          5.7         2.5 virginica
146          6.7         3.0          5.2         2.3 virginica
147          6.3         2.5          5.0         1.9 virginica
148          6.5         3.0          5.2         2.0 virginica
149          6.2         3.4          5.4         2.3 virginica
150          5.9         3.0          5.1         1.8 virginica
```

위와 같이 정보를 담고 있는 것을, 데이터 프레임(Data frame)이라고 한다.

데이터 프레임의 위아래를 행(行, 로우, Row)이라 하고, 좌우를 열(列, 칼럼, Column)이라고 한다.9)

tail( ) 함수를 사용하지 않고, 데이터프레임의 위아래의 행(行, 로우, Row)이 몇 개나 있는지 확인할 때는 nrow( ) 함수를 사용한다.

> nrow(iris)
[1] 150

---

9) 데이터 프레임에 대해서는 이 책 69~73쪽에서 확인할 수 있다.

그리고, 다른 함수를 사용하지 않고 곧바로 데이터 프레임의 좌우의 열(列, 칼럼, Column)이 몇 개나 있는지 확인할 때는 ncol( ) 함수를 사용한다.

> ncol(iris)
[1] 5

데이터 프레임의 위아래 행(行, 로우, Row)이나 좌우의 열(列, 칼럼, Column)을 동시에 확인하고 싶으면 dim( ) 함수를 사용하면 된다.

> dim(iris)
[1] 150   5

따라서 위 아이리스(iris)는 위아래 행이 150개이고, 좌우 열이 5개라는 것을 알 수 있다.

아이리스 자료를 View( ) 함수를 써서 엑셀처럼 확인해 보자.

> View(iris)

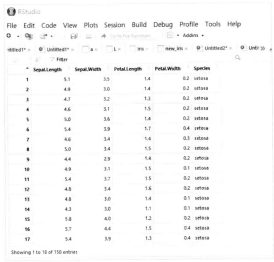

다시 작업창으로 돌아갈 때는 아래 그림의 화살표를 누르면 된다. 그리고 그 오른쪽 화살표를 클릭하면 다시 View로 이동한다.

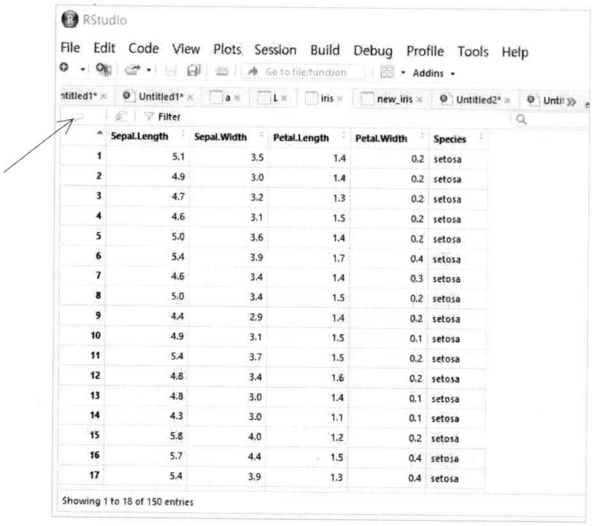

	Sepal.Length	Sepal.Width	Petal.Length	Petal.Width	Species
1	5.1	3.5	1.4	0.2	setosa
2	4.9	3.0	1.4	0.2	setosa
3	4.7	3.2	1.3	0.2	setosa
4	4.6	3.1	1.5	0.2	setosa
5	5.0	3.6	1.4	0.2	setosa
6	5.4	3.9	1.7	0.4	setosa
7	4.6	3.4	1.4	0.3	setosa
8	5.0	3.4	1.5	0.2	setosa
9	4.4	2.9	1.4	0.2	setosa
10	4.9	3.1	1.5	0.1	setosa
11	5.4	3.7	1.5	0.2	setosa
12	4.8	3.4	1.6	0.2	setosa
13	4.8	3.0	1.4	0.1	setosa
14	4.3	3.0	1.1	0.1	setosa
15	5.8	4.0	1.2	0.2	setosa
16	5.7	4.4	1.5	0.4	setosa
17	5.4	3.9	1.3	0.4	setosa

Showing 1 to 18 of 150 entries

위 아이리스에서, Sepal(세플, 세팔)은 꽃받침이라는 뜻이고, Petal(페틀, 페탈)은 꽃잎이라는 뜻이다.

따라서 Sepal.Length는 꽃받침의 길이라는 의미이고, Sepal.Width는 꽃받침의 너비(폭)라는 의미이다.

Petal.Length는 꽃잎의 길이라는 의미이고, Petal.Width는 꽃잎의 너비라는 의미이다. 그리고 맨 끝에 있는 Species는 아이리스의 품종이라는 뜻이다.

아이리스에 나오는 이름이 긴 편이므로 아래와 같이 이름을 간단하게 만들어 사용하기로 한다. 이때, R에서는 대문자와 소문자를 구별하니 입력한 대소문자와 가져다 쓰는 대소문자가 같아야 한다.

```
> SL <- Sepal.Length
```
Error: object 'Sepal.Length' not found

```
> SW <- Sepal.Width
```
Error: object 'Sepal.Width' not found

```
> Ss <- Species
```
Error: object 'Species' not found

위와 같이 에러가 났을 것이다. 그 이유는 iris 안에 들어있는 열 (列, Column)이라는 것을 무시하고, 바로 명령을 내렸기 때문이다.

데이터 프레임 안에 들어있는 열을 불러올 때는 $ 표시를 사용하여야 한다. 자 다음과 같이 고쳐보자.

```
> SL  <- iris$Sepal.Length
> SW <- iris$Sepal.Width
> Ss  <- iris$Species
>
```

이제, 위 SL(꽃받침 길이)과 SW(꽃받침 너비)를 이용하여 점그래프를 그려보자.

```
> plot(SL, SW)
```

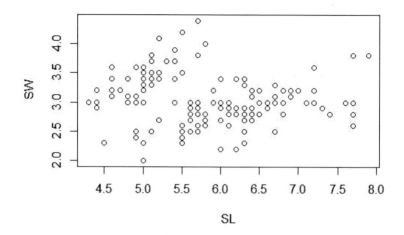

위 그림의 동그라미를 초록색(green)으로 바꿔 보자.

> plot(SL, SW, col="green")

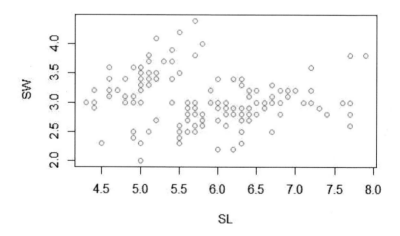

위 그림의 iris에는 몇 가지의 품종이 있는지 summary( ) 함수를 이용해 알아보자. summary( ) 함수는 객체의 내용를 요약하여 평균, 중앙값, 최소값, 최대값 등을 보여주는 함수이다.

> **summary(Ss)**

setosa versicolor virginica

　50　　　50　　　　50

위와 같이 나왔을 것이다. 품종은 세토사(setosa), 버시칼라 (versicolor), 버지니카(virginica) 이렇게 3가지이고, 각 품종마다 50개가 있음을 의미한다.

세 가지 품종이 있다는 것을 알았으니, 이 <u>세 가지 품종을 칼라에 넣어보자</u>. 품종을 칼라에 넣는다니, 좀 믿기 어렵겠지만 일단 한 번 넣어보자. 재미있는 결과를 발견할 수 있을 것이다.

> **plot(SL, SW, col=Ss)**

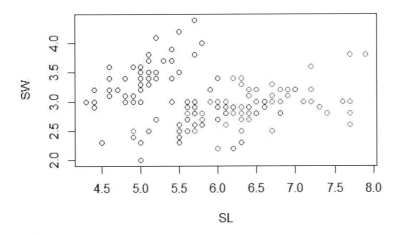

세 가지 품종의 색깔이 각각 다르게 나타나고, 각 색깔마다 동그라미가 50개가 있음을 확인할 수 있을 것이다.

이제 점 모양을 다른 것으로 바꿔 보자.

> plot(SL, SW, col=Ss, pch=15)

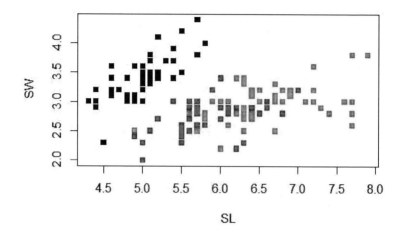

점 모양이 좀 큰 거 같으니, 점 모양을 줄여보자.

> plot(SL, SW, col=Ss, pch=15, cex=0.7)

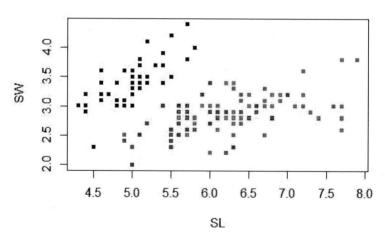

다음, x축과 y축의 이름을 다른 것으로 바꿔 보자. 이때 아래와
같이 명령이 길면, 쉼표 뒤에서 그 아래 줄로 내리면 된다.

```
> plot(SL, SW, col=Ss, pch=15, cex=0.7,
       xlab = "꽃받침 길이", ylab="꽃받침 너비")
```

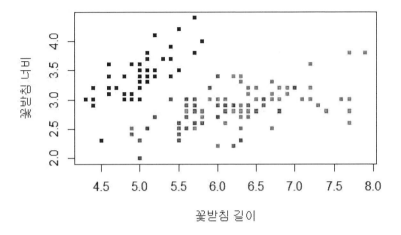

이제, '그래프의 제목' 을 넣어보자. 명령이 길면 아래와 같이 쉼
표 뒤에서 다음 줄로 내리면 된다.

```
> plot(SL, SW, col=SS, pch=15, cex=0.7,
       xlab = "꽃받침 길이", ylab="꽃받침 너비",
       main="아이리스 꽃받침의 길이와 너비")
```

다음 그림에서는, 아이리스의 세 품종인 세토사(setosa), 버시칼라
(versicolor), 버지니카(virginica)가 각각 다른 색깔로 표시되어 있는
것을 확인할 수 있다.

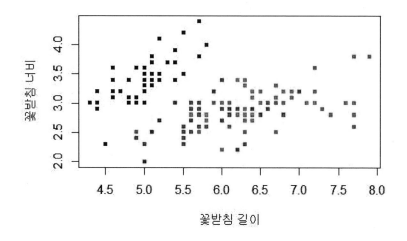

아이리스 꽃받침의 길이와 너비

이제 위 그림에서 서로 다른 색깔이, 각각 어떤 품종을 나타내는 지 '일러두기' 를 통해 드러내 보자.

일러두기는 책이나 도표를 쉽게 알아볼 수 있도록 본보기로 두는 것이다. 일러두기를 달리 범례(凡例, Legend)라고 한다.

범례를 만드는 명령은 별도로 존재한다. 범례는 P.79에서 이야기한 G2함수이다. 아래와 같이 입력하고 실행해보자.

```
> legend("topright", pch=15, cex=0.7,
        legend=c("세토사", "버시칼라", "버지니카"),
        col = c("red", "black", "green"),
        bg="white")
```

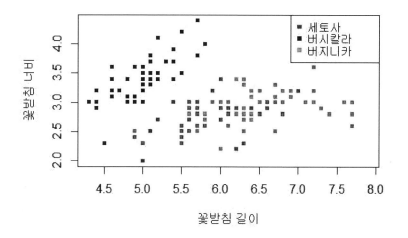

아이리스 꽃받침의 길이와 너비

위 명령에서 topright는 범례의 위치를 의미한다. R에서 정한 범례를 두는 위치는 다음과 같다.

topleft	top	topright
left	center	right
bottom-left	bottom	bottom-right

위 명령에서, bg는 '범례 공간의 배경 색깔'을 의미한다.

그 외 기억하고 있어야 할 사항은, 범례의 pch나 cex 숫자가 plot( ) 함수 안의 pch나 cex의 숫자와 일치되는 것이 좋다는 점이다.

히스토그램

히스토그램(histogram)은 x축에 측정값의 범위를 놓고, y축에 측정값의 빈도수를 놓아 만든 그래프이다. 아이리스를 불러와 히스토그램을 그려보자. 먼저 아이리스를 data( ) 함수를 이용하여 불러오자.

```
> data("iris")
>
```

다음, names( ) 함수를 이용하여 아이리스의 열이름(칼럼명)을 알아보자.

```
> names(iris)
[1] "Sepal.Length" "Sepal.Width"  "Petal.Length"
[4] "Petal.Width"  "Species"
```

str( ) 함수를 이용하여, 아이리스의 내부 구조를 알아보자.

```
> str(iris)
'data.frame':   150 obs. of  5 variables:
 $ Sepal.Length: num  5.1 4.9 4.7 4.6 5 5.4 4.6 5 4.4 4.9 ...
 $ Sepal.Width : num  3.5 3 3.2 3.1 3.6 3.9 3.4 3.4 2.9 3.1 ...
 $ Petal.Length: num  1.4 1.4 1.3 1.5 1.4 1.7 1.4 1.5 1.4 1.5 ...
 $ Petal.Width : num  0.2 0.2 0.2 0.2 0.2 0.4 0.3 0.2 0.2 0.1 ...
 $ Species     : Factor w/ 3 levels "setosa","versicolor",..: 1 1 1 1 1 1 1 1 1 1 ...
```

칼럼의 이름이 길으니 새로운 이름을 만들어 짧게 줄여보자.

```
> SL <- iris$Sepal.Length
> SW <- iris$Sepal.Width
> Ss <- iris$Species
```

summary( ) 함수를 이용하여 꽃받침 길이에 대해 구체적으로
알아보자.

```
> summary(SL)
   Min.  1st Qu.  Median   Mean  3rd Qu.   Max.
  4.300   5.100   5.800   5.843   6.400   7.900
```

위 결과에서 Min은 최소값이고, 1st Qu는 4등분으로 나타낸 것
중 첫 번째이고, Median은 중앙값이며, Mean은 평균이고, 3rd
Qu는 4등분으로 나타낸 것 중 세 번째이며, Max는 최대값이다.

꽃받침 길이를 히스토그램으로 그려보자. 함수 안의 명령어를 인
자라고 한다. xlim은 x축의 범위를 명령하는 인자이다. 꽃받침의
최소 길이가 4.3이고, 최대 길이가 7.9여서 x축의 범위를 이보다
좀 넉넉하게 4.0 ~ 8.0으로 하였다. 히스토그램에서는 x축의 값을
계급이라고 한다.

```
> hist(SL, xlab = "꽃받침 길이", col = "purple",
       main = "꽃받침 길이 히스토그램", xlim = c(4.0, 8.0))
```

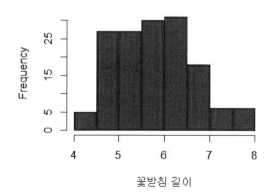

101

다음, summary( ) 함수를 이용해 꽃받침의 넓이에 대해 자세히 알아보자.

```
> summary(SW)
   Min.  1st Qu.  Median  Mean  3rd Qu.  Max.
  2.000   2.800   3.000   3.057   3.300   4.400
```

꽃받침의 최소넓이와 최대넓이보다 약간 넓게 x축의 범위를 정하여 히스토그램을 그려보자.

```
> hist(SW, xlab="꽃받침 넓이", col="orange",
     main="꽃받침 넓이 히스토그램", xlim=c(2.0, 4.5))
```

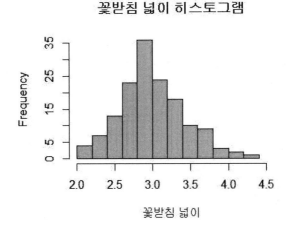

위 그림은 x축의 값 즉 계급에 대한, y축의 값 즉 측정값의 출현 빈도수를 표현한 그림이다.

이제, 계급에 대한 밀도를 알아보기 위해, 빈도를 사용하지 않고 상대도수를 가능케 하는 freq 인자를 넣어 보자.

```
> hist(SW, xlab="꽃받침 넓이", col="orange",
      main="꽃받침 넓이 히스토그램", xlim=c(2.0, 4.5),
      freq=F)
```

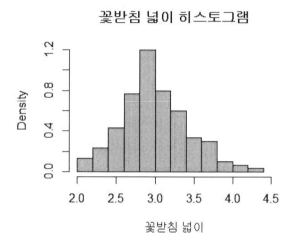

위에서 본 네 개의 그림들은, 한 번에 하나씩 보기 위해 par(mfrow=c(1, 1)) 이라는 명령을 사용한 것이다. 즉 특별히 명령을 내리지 않으면 위 명령이 기본명령이 되어 한 번에 하나씩 보이게 한다. 만일 한꺼번에 두 개의 그림을 좌우로 놓고 보려면 par(mfrow=c(1, 2)) 라고 하여야 한다. 이때 c(1, 2)의 1은 행을, 2는 열을 의미한다.

위에서 본 꽃받침 길이 히스토그램과 꽃받침 너비 히스토그램을 나란히 놓아 보자.

```
> par(mfrow = c(1, 2))
```

```
> hist(SL, xlab = "꽃받침 길이", col = "purple",
       main = "꽃받침 길이 히스토그램", xlim = c(4.0, 8.0))
> hist(SW, xlab = "꽃받침 넓이", col = "orange",
       main = "꽃받침 넓이 히스토그램", xlim = c(2.0, 4.5))
```

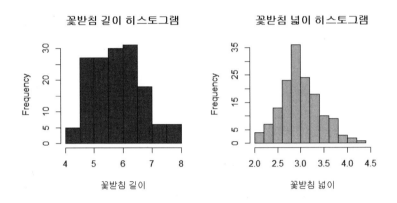

밀도를 기준으로 분포곡선을 그려보자. 분포곡선을 그리는 명령은 79쪽에 있는 G2함수 중 lines( ) 함수이고, 밀도는 density( ) 함수를 이용한다.

```
> lines(density(SW), col="blue")
```

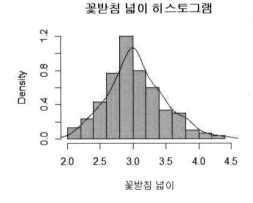

위 그림 위에, 정규분포 추정 곡선을 그려 보기로 한다. 그러기 위해서는 몇 개의 함수를 알아야 한다.

seq( ) 함수는 시작부터 끝까지 얼마씩 증가하라는 함수이다. 즉 seq(1, 10, 2) 이라고 하면 1부터 10까지 2씩 증가하라는 의미이다.

```
> seq(1, 10, 2)
[1] 1 3 5 7 9
```

정규분포를 그리기 위해 x축의 범위인 2.0부터 4.5까지 0.1씩 증가하도록 하여 이름 있는 알파객체 x 에 넣기로 한다.

```
> x <- seq(2.0, 4.5, 0.1)
```

다음, 정규분포를 추정하는데 필요한 것은 평균과 표준편차이다. R에서 평균은 mean( ) 함수를 이용하여 구할 수 있다. 가령 1부터 3까지의 평균은 다음과 같이 구한다.

```
> mean( 1 : 3 )
[1] 2
```

평균(平均, arithmetic mean)은 객체의 합을 객체의 수로 나눈 값이다. 따라서 1+2+3=6이고, 객체의 수는 3이니까, 6 / 3 = 2이다. 아주 상식적인 이야기이다.

이 책에서는, 객체의 합을 알파(α)라고 표시하고, 객체의 총 수를 엔(n)이라고 하고, 평균을 뮤(μ)라고 약속한다. 이렇게 약속하면 평균 μ = α / n 가 된다.[10)]

편차는 각 객체에서 평균을 뺀 것이다.

 1, 2, 3의 평균은 2이다. 각 객체 1, 2, 3에서 평균 2를 빼면 −1, 0, 1 이 된다. 이 −1, 0, 1을 편차라고 한다.

 편차에 있는 마이너스(−) 값을 없애기 위해 편차를 제곱한다. 각 편차를 제곱하면 1, 0, 1 이 된다. 이렇게 나온 1, 0, 1을 더하면 2가 된다.

 이 책에서는, 각 편차를 제곱하여 모두 더한 값을 기호로 베타(β)라고 표시하고, 객체의 총 수를 엔(n)이라고 약속하고, 분산(分散, Variance)을 시그마제곱(σ^2)이라고 약속하기로 한다. 이렇게 약속하면 분산 $\sigma^2 = \beta\ /\ n$ 가 된다.

 그리고 표본분산은 에스제곱(S^2)으로 나타내는데, 분산과 표본분산이 다른 점은, 분산을 구하는 식의 분모에 있는 n에서 1을 뺀 n−1이 표본분산이다.

 즉 표본분산 $S^2 = \beta\ /\ (n-1)$ 이 된다. R에서는 표본분산을 var( ) 함수를 통해 구할 수 있다.

 표준편차(標準偏差, Standard Deviation)는 분산 시그마 제곱(σ^2)에 루트를 씌운 시그마(σ)이고, 표본표준편차는 표본분산 에스제곱(S^2)에 루트를 씌워 만든 에스(S)이다. R에서는 표준편차를 sd( ) 함수를 통해 쉽게 구할 수 있다.

 iris 칼럼의 이름이 길으니 새로운 이름을 만들어 짧게 줄여보자.

> SW <- iris$Sepal.Width

---

10) 표본의 평균은 엑스바($\bar{x}$) 라고 표시한다.

위 SW의 평균을 구해 알파객체 mean에 넣는다.

```
> mean = mean(SW)
```

위 SW의 표준편차를 구해 이름있는 알파객체 sd에 넣는다.

```
> sd = sd(SW)
```

끝으로, 정규분포 추정 곡선을 그리기 위해 dnorm( ) 함수로 정규분포를 추정하고, curve( ) 함수로 추정된 정규분포 곡선을 그린다.

curve( ) 함수 안의 인자인 add=TRUE는 이전 그림에 겹쳐서 나타나도록 하는 것이고, FALSE는 새로 그림을 그리라는 의미이다. TRUE를 줄여 T라고 할 수도 있다.

```
> x <- seq(2.0, 4.5, 0.1)
> curve(dnorm(x, mean=mean(SW), sd=sd(SW)),
      col="red", add=T)
```

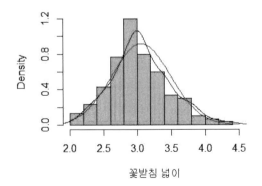

다음 자료는 A라는 작가가 지난 8주 동안 구입한 책의 수량이다. 다음 자료를 보고 R을 이용하여 평균, 분산, 표준편차를 구해보자.

A작가의 도서 구입 내역

8 13 7 6 5 17 9 10

```
> x <- c(8, 13, 7, 6, 5, 17, 9, 10)
> mean(x)
[1] 9.375

> var(x)
[1] 15.69643

> sd(x)
[1] 3.961872
```

더 알아보기

히스토그램과 막대그래프는 언뜻보면 비슷하다. 히스토그램과 막대그래프가 다른 점은, 연속된 자료(data)이면 히스토그램을 사용하고, 연속되지 않은 자료(data)에서는 막대그래프를 사용한다.

막대그래프

막대그래프(bar graph)는 연속된 자료가 아닌 서로 떨어져 있는 이산형(離散型, discrete type) 자료이기 때문에 범위를 정할 수 없다. 막대그래프는 질적 자료 분석에 사용한다.

rep( ) 함수는 객체의 원소를 반복할 때 쓸 수 있다. 즉 rep(1:100, each=2)라고 하면 아래와 같이 보여준다.

```
> rep( 1 : 5, each = 2 )
[1]  1  1  2  2  3  3  4  4  5  5
```

rep( ) 함수에 숫자가 아닌 문자를 넣어도 역시 반복에는 변함이 없다. 다만 문자를 반복하는 것이기 때문에 문자를 " "로 감싸야 한다.

```
> rep( "A", 3 )
[1] "A" "A" "A"
```

table( ) 함수는 자료를 오름차순으로 정리하여 표를 만들어 주는 명령이다. 가령 아래와 같은 자료가 있다면 이를 보기 좋게 표로 만들어준다.

```
> x <- c("a", "a", "b", "b", "c", "d", "d", "d", "a", "a")
> table(x)
x
a b c d
4 2 1 3
```

아래는 혈액형 자료이다. 혈액형 자료는 연속되어 있는 자료가
아닌 이산형 자료이다. 따라서 막대그래프를 사용하여야 한다. R
에서의 막대그래프는 barplot( ) 함수를 사용한다.

혈액형	빈도
A	6
AB	2
B	8
O	3

```
> bt <- c( rep("A", 6), rep("B", 8), rep("AB", 2), rep("O", 3) )
> a <- table(bt)
> a
bt
 A AB  B  O
 6  2  8  3
```

```
> barplot(a)
```

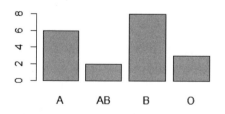

막대그래프에 색깔을 넣을 때는 col=" "를 사용한다.

> barplot(a, col="purple")

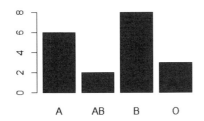

막대그래프의 방향을 바꿀때는 horiz=T 를 사용한다.

> barplot(a, col="purple", horiz = T)

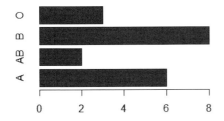

원그래프

R에서 원그래프는 pie( ) 함수를 사용한다. 원그래프는 두 가지 자료가 있어야 하고, 앞의 자료는 숫자여야 한다. 원그래프는 질적 자료 분석에 사용한다.

```
> x <- c( 1, 2, 3 )
> y <- c( "하늘", "바다", "강산")
> pie( x, y )
```

만일 x와 y를 바꾸어 쓰면 에러 메시지가 뜰 것이다.

```
> pie( y, x )
```
Error in pie(y, x) : 'x'의 값은 반드시 양수이어야 합니다.

다른 예를 들어 보자.

```
> a <- c(87, 34, 24, 28, 15)
> b <- c( "서울", "부산", "대구", "인천", "광주" )
> pie(a, b)
```

원그래프에 제목을 넣을 때는 main=" "를 사용한다.

> pie(a, b, main = "출전 선수")

출전 선수

히스토그램

히스토그램(histogram)은 연속된 자료이기 때문에 범위(구간)를 정할 수 있는데, 히스토그램에서는 범위를 계급이라고 따로 부르고 있다. 히스토그램은 양적 자료 분석에 사용한다.

seq( ) 함수는, seq(from, to, by)의 모습을 가지고 있는데, seq(2, 100, 2)라고 하면, 2부터 100까지 2씩 증가하라는 의미이다.

```
> a <- seq(40, 80, by=10)
> a
[1]  40  50  60  70  80
```

cut( ) 함수는 구간을 나누는 함수이다. (40, 50] 기호에서 (40의 의미는 40 미포함을 의미하고, 50]의 의미는 50 포함을 의미한다.

```
> w <- c(43, 59, 47)
> b <- seq(40, 60, by=10)
> cut(w, b)
[1] (40,50] (50,60] (40,50]
Levels: (40,50] (50,60]

> table( cut(w, b))
(40,50] (50,60]
      2       1
```

아래는 몸무게 자료이다. 몸무게 자료는 연속된 자료이다. 따라서 구간(계급)을 나눌 수 있다. R에서의 연속된 자료는 hist( ) 함수를 사용한다.

몸무게	빈도
40~50	3
50~60	4
60~70	2
70~80	1

 hist( ) 함수 안의 breaks는 x축의 구간을 어떻게 나눌 것인지를 결정한다. y축은 되풀이, 반복 되는 것이 오는 데 이를 '빈도' 또는 '도수' 라고 한다.

```
> w <- c(43, 59, 47, 77, 60, 62, 54, 68, 51, 49)
> b <- seq(40, 80, by=10)
> t <- table( cut(w, b) )
> t
(40,50] (50,60] (60,70] (70,80]
      3       4       2       1
```

```
> hist(breaks=b, w)
```

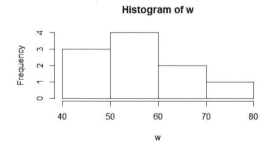

Tip 7

아래아 한글이나 MS 워드 등에서 작업한 명령을 복사하여 R의
작업창에 붙이기 한 다음 명령을 실행하면 안될 때가 있다. 그럴
때는 R의 작업창에서 직접 타이핑한 다음 명령을 실행하면 된다.

Tip 8

RStudio에서 작업하다 보면 작동이 원활하지 않을 때가 있다 그
럴 때는 RStudio를 종료했다가 다시 시작하길 권한다. RStudio가
생각보다 예민해서, 많은 작업을 하다보면 작업자가 생각하지 못
했던 이전 것들을 기억하고 있는 경우 등이 있다. 이럴 때는 과감
하게 다시 시작하면 잘 처리될 때가 생각 보다 많다.

제 4 장

함 수
만들기

나만의 함수 만들기

R스튜디오의 작업창에 1 : 3 이라고 입력한 다음 실행해 보자.

```
> 1 : 3
[1] 1 2 3
```

잘 실행이 되었으니 객체임을 알 수 있고, 이름이 없으니 베타객체라는 것을 알 수 있으며, 3개의 원소가 있음을 알 수 있다.

만일 어떤 것이 객체인지 아닌지 알고 싶을 때는, length( ) 함수의 괄호 안에 그것을 넣어 실행하여 정상적으로 처리가 되면, 그것은 객체가 된다.

```
> length(1 : 3)
[1] 3
```

우리는 앞에서, 그 뒤에 ( )를 달고 다니는 함수 몇 개를 경험해 보았다. 이제, 나만의 함수를 만들어 보자. 나만의 함수를 만드는 과정은 다음과 같다.

첫째, function( ) { } 을 만들고 **둘째**, { } 안에 원하는 식을 넣은 다음 **셋째**, 맨 앞에 이름을 붙이면 된다.[11]

먼저, function( ) { } 를 만든다.

```
> function( ) { }
```

---

11) 둘째, 첫째, 셋째 순으로 해도 되고 셋째, 첫째, 둘째 순으로 해도 된다. 즉 함수를 만드는 사람 편한대로 하면 된다.

다음, 1 : 3 을 아래와 같이 { } 안에 넣은 다음, { }를 위아래로 벌려 놓는다.

```
> function( ) {
+    1 : 3
+ }
```

마지막으로, 맨 앞에 이름을 만들어 붙인다.

```
> aa <- function( ) {
+    1 : 3
+ }
```

이제 aa를 불러내어 실행해 보자.

```
> aa
function( ) {
  1 : 3
}
```

위와 같이 aa 의 내부를 보여줄 것이다. 우리는 함수를 만들었기 때문에 함수를 실행시킬 때는 함수 표시인 ( )를 함수이름 aa 뒤에 붙여주어야 한다.

```
> aa( )
[1] 1 2 3
```

이렇게 하여 나만의 함수를 만들어 보았다. 내친김에 함수에 대해 조금 더 알아보자. 먼저, 아래와 같이 bb( ) 함수를 만들어 보자.

```
> bb <- function( a ) {
+    a
+ }
```

 bb( ) 함수를 실행하면 아래와 같은 에러 메시지가 뜰 것이다.

```
> bb( )
Error in bb() : argument ~ (이하 생략)
```

 함수를 만들 때, 어떤 미지수를 함수 안에 넣었다면, 실행할 때
반드시 그 미지수의 내용을 지정해주어야 한다. 이것을 꼭 기억하
고 있어야 한다.

```
> bb( a = 1 : 5 )
[1] 1 2 3 4 5
```

 위에서는 미지수 a를 알려주었기 때문에, 그에 따른 올바른 답이
나왔음을 확인할 수 있다.

주사위 두 개 던지기

먼저 1부터 6까지를 d에 넣고 실행해 보자. d는 dice(주사위)의 머리글자이다.

```
> d <- 1 : 6
> d
[1] 1 2 3 4 5 6
```

다음, 주사위를 굴리기 위해 sample( ) 함수 안에 d를 넣은 다음 실행해 보자.

```
> sample(x = d)
[1] 6 5 2 4 1 3
```

또 한 번, 실행해 보자.

```
> sample(x = d)
[1] 2 6 4 1 3 5
```

위와 같이, 실행할 때마다 다른 결과가 나올 것이다. 이처럼 불규칙하게 무작위로 나오는 함수가 sample( ) 함수이다.

주사위를 한 번 던질 때 하나의 값이 나오듯이, 실행할 때마다 6개의 숫자 중 하나만 나오도록 sample( ) 함수 안에 size = 1이라고 넣어 보자.

```
> sample(x = d, size = 1)
[1] 3
```

이제 위 명령을 시행할 때마다 숫자 하나가 달리 나올 것이다. 위 명령에서 x 는 주사위의 눈을 의미하고, size는 시행 회수를 의미한다. R에서는 각 함수에 딸려 있는 x나 size 등을 인자 또는 인수(因數, argument)라고 한다.

```
> sample(x = d, size = 1)
[1] 5
```

만일 눈이 4개인 주사위 두 개를 던진다면, x=1:4, size=2라고 바꾸어 주면 된다.

```
> sample(x = 1 : 4, size = 2)
[1] 2 4
```

위 식을 시행할 때마다 다른 숫자가 나올 것이다.

```
> sample(x = 1 : 4, size = 2)
[1] 1 3
```

만일 '눈이 7개인 7면 주사위 세 개를 던진다면 x = 1 : 7이라 하고, size = 3 이라고 바꾸어 주면 된다.

```
> sample(x = 1 : 7, size = 3)
[1] 1 7 2
```

이제, 위 명령을 시행할 때마다 다른 숫자 세 개가 나올 것이다.

```
> sample(x = 1 : 7, size = 3)
[1] 2 4 7
```

위 방법을 이용하여 동전 던지기를 할 수도 있다. 이때 1을 앞면, 2를 뒷면이라고 약속만 하면 된다.

```
> sample(x = 1 : 2, size = 1)
[1] 2
```

동전 던지기를 좀 더 재미있게 하려면, 아래와 같이 8면 주사위를 던져서, 홀수는 앞면, 짝수는 뒷면으로 할 수도 있다.

```
> sample(x = 1 : 8, size = 1)
[1] 5
```

자 처음으로 돌아가서, 면이 6개인 주사위 두 개를 던지는 식을 만든 다음, di 에 넣어 보자.

```
> d <- 1 : 6
> di <- sample(x = d, size = 2)
> di
[1] 2 5
```

위 식을 아래와 같이 간단하게 시행하여도 된다. R에서는 인자(인수)에 이름이 있으면 그 위치가 자유롭지만, 인자에 이름이 없으면 순서가 이미 정해져 있어서 정해진 순서대로 처리한다.

```
> d <- 1 : 6
> di <- sample(d, 2)
> di
[1] 2 5
```

만일, 어떤 함수의 '기본 인자(인수)' 를 알고 싶으면 아래와 같이

args( ) 함수를 통해 확인할 수 있다.

> **args(sample)**
function (x, size, replace = FALSE, prob = NULL)
NULL

위에서, x 는 주사위의 눈을 의미하고, size 는 시행 회수를 의미하며, replace = FALSE 는 '비복원 표본 추출(非復元標本抽出法, sampling without replacement)' 을 의미한다.

예를 들어, 어떤 행사를 진행하면서 경품 추첨을 한다고 가정해 보자. 먼저 숫자가 적혀있는 종이를 상자로부터 뽑은 다음, 같은 숫자가 적힌 종이를 들고 온 사람에게 경품을 줄 것이다.

그런 다음, 뽑힌 종이는 다시 상자에 넣지 않을 것이다. 뽑혔던 숫자가 중복하여 뽑히지 않도록 하기 위해, 상자에 그 숫자를 다시 넣지 않는 것이다. 이와 같은 뽑기를 '비복원 표본 추출' 이라고 한다.

> **d <- 1 : 6**
> **di <- sample(d, 2)**
> **di**
[1] 2 5

위와 같이 세 번째 인자(인수)를 따로 정해주지 않고 생략하면, '기본 인자' 로 지정되어 있는 '비복원 표본 추출'인 replace = FALSE가 시행되어, 한 번 나온 숫자는 다시 나오지 않는다.

즉 앞에 나온 숫자가 뒤에 나올 숫자에 영향을 미쳐, 앞에 나온 숫자는 뒤에서 다시 나오지 않는다.

근데, 이것은 우리가 주사위 두 개를 던지는 것과는 좀 다른 양상이다. 우리가 주사위 두 개를 던지면 이전에 나온 숫자와 무관하게 나온다. 즉 이전에 나온 숫자가 이후에 나올 숫자에 전혀 영향을 주지 못한다. 언제나 6개의 숫자 중 하나가 나온다.

이는 마치, 이미 나온 숫자를 다시 상자에 넣고 뽑는 것과 같다. 이와 같은 뽑기를 '복원 표본 추출(復元標本抽出法, sampling with replacement)' 이라고 한다. 복원 표본 추출을 하기 위해서는 아래와 같이 replace = TRUE 라고 3번째 명령을 추가해야 한다.

```
> d <- 1 : 6
> di <- sample(d, 2, replace = TRUE)
> di
[1] 2 5
```

위 식에서, TRUE를 그냥 간단하게 T라고 하여, replace = T 라고 하여도 된다.

```
> d <- 1 : 6
> di <- sample(d, 2, replace = T)
> di
[1] 2 5
```

자 이제 두 개의 주사위를 던진 다음, sum( ) 함수를 이용하여 그 결과를 더해 보자.

```
> d <- 1 : 6
> di <- sample(d, 2, replace = T)
> sum( di )
[1] 7
```

그런 다음, sum(di)를 반복하여 실행해 보자.

```
> sum( di )
[1] 7
```

우리의 예상과는 달리 하나의 값만 반복해서 보여줄 것이다. 그 이유는 위에서 우리가 한 번 던졌고, 그 결과를 기억하고 있다가 계속 반복하여 보여주기 때문이다. 만일 다른 결과를 얻으려면 아래와 같이 던지는 과정을 매번 반복하여야 한다.

```
> d <- 1 : 6
> di <- sample(d, 2, replace = T)
> sum( di )
[1] 10
```

던질 때마다 다른 결과를 얻기 위해, 위와 같은 명령을 반복하는 것은 참으로 번거로운 일이다. 이제 던질 때마다 새로운 값을 얻는, 간단한 나만의 함수를 만들어 보자.

나만의 함수를 만드는 과정은 총 3단계로 이루어지는데, 1단계는 function( ) { } 을 만드는 단계이고, 2단계는 { } 안에 위의 식을 넣는 단계이며, 3단계는 함수에 이름을 붙이는 단계이다. 주사위를 굴리는 것이니까 roll 이라고 이름을 붙여 보자.

제1단계, function( ) { } 를 만든다.

```
> function( ) { }
```

제2단계, { } 안에 6면 주사위 두 개를 던지는 식을 넣는다. 그러면 자연스럽게 { } 는 위아래로 나누어지게 된다.

```
> function( ) {
+    d <- 1 : 6
+    di <- sample(d, 2, replace = T)
+    sum(di)
+ }
```

제3단계, 끝으로 roll이라는 함수 이름을 붙인다.

```
> roll <- function( ) {
+    d <- 1 : 6
+    di <- sample(d, 2, replace = T)
+    sum(di)
+ }
```

이렇게 하여 내가 만든 함수가 만들어졌다. roll( ) 함수를 실행하여, 주사위 두 개를 굴려보자.

```
> roll
function( ) {
d <- 1 : 6
di <- sample(d, 2, replace = T)
sum(di)
}
```

아마 위와 같이 나왔을 것이다. roll이라고 이름을 실행하면 roll의 내부를 보여줄 것이다. roll의 결과를 알기 위해서는 roll( ) 함수 뒤에 괄호( )를 붙여주어야 한다. 그 이유는, 위에서 우리가 만든 것이 '함수' 였기 때문이다.

```
> roll( )
[1] 7

> roll( )
[1] 11
```

위와 같이, roll( )을 시행할 때마다, 즉 굴릴 때마다 새로운 값이 나올 것이다.

이제 roll( ) 함수를 변형하여, roll2( ) 함수를 만들어 보자.

```
> roll2 <- function(d) {
+     di <- sample(d, 2, replace = T)
+     sum(di)
+ }
Error in sample(d, 2, replace = T) : ~ (이하 생략)
```

roll2( )를 실행하면 위와 같이, 에러 메시지가 나올 것이다. 그 이유는 두 번째 줄에 있던 d를 제거한 다음, function( )의 괄호 안에 d를 넣었기 때문이다.

roll2( )의 괄호 안에 d 값을 넣어 실행해보자.

```
> roll2(d = 1 : 6 )
[1] 9

> roll2(d = 1 : 6 )
[1] 7
```

위와 같이 하면 주사위 면을 마음대로 정할 수 있다. 이것이
roll2( ) 함수의 장점이다.

주사위 면을 17개로 해보자.

```
> roll2(d = 1 : 17 )
[1] 23
```

주사위 면을 55개로 해보자.

```
> roll2(d = 1 : 55 )
[1] 88
```

두 주사위 합을 그래프에 나타내기

앞에서는, roll( ) 함수와 roll2( ) 함수를 만들어 실행하였다. 이제 한 번에 한 번씩 실행하는 것 말고, 한 번에 100번이든 1000번이든 원하는 대로 실행하기 위해 replicate( ) 함수를 사용해보자.

먼저 args( ) 함수를 이용해, replicate( ) 함수의 기본 인자(인수)를 확인하자.

```
> args( replicate )
function (n, expr, simplify = "array")
NULL
```

위 결과 안의 인자(인수) n 은 실행 회수를 의미하고, expr 은 실행 내용을 의미한다.

```
> replicate(2, 3+2)
[1] 5 5
```

위 명령은, 2번 반복하여 3+2를 실행하라는 것이다. 이제 위 내용을 바탕으로, 두 개의 주사위를 100번 굴려보자.

```
> roll3 <- function( ) {
+    d <- 1 : 6
+    di <- sample(d, 2, replace = T)
+    sum(di)
+ }

> replicate( 100, roll3( ) )
```

```
 [1]  5  4  6  8  7  7  2  7  5 12 11  4  5  8
[15]  6  9  8  6 11  3  5  9  7  7  6 10  6 10
[29]  6 10 10 10  6  6  2  3  5  9  8  5  7  8
[43]  6 11  6  7  8  5  7  8  5 12  7  7  5  7
[57]  7 10  4  6  8  9  6  5  3 12  7  5 12  9
[71] 10 11  6  5  6  8 12  6  9  7  9  9 11  5
[85]  6  4  7  9  7 10  5  9  7  4  6  7  6  4
[99]  6 10
```

만일 아래와 같이, replicate (100, roll3)이라고, roll3 뒤의 ( )를 빠뜨리고 실행하면, roll3( ) 함수의 내부를 100번 보여줄 것이다.

```
> replicate( 100, roll3 )
결과 생략
```

이제 replicate (100, roll3( ))함수에 roll4 라는 이름을 붙여 간편하게 실행해 보자. 실행할 때마다 다른 결과가 나올 것이다.

```
> roll4 <- replicate( 100, roll3( ))
> roll4
 [1]  7  8  5  8  7  5  7  8  8 11  4  9  2 11
[15] 10  7  6  6  2  9  2 11  2  8  8  5  2  3
[29]  8 10 11 11  6  8  8  9  6  9  9 10  6  6
[43]  6  3  7 10  7  5  9  6  4  7  8  5 11  3
[57]  8  8  9 11  9  3  9  6 10  8  8 11  5  5
[71]  6  5  7 10  6  8 11  4  7  5  8  4  9  7
[85]  7  5  7  6 11  7  6  9  6  6  6  5  4 10
[99]  7  8
```

두 개의 주사위 눈이 만나는 경우의 수는 아래 그림과 같다.

					6,1					
				5,1	5,2	5,3				
			4,1	4,2	4,3	5,3	6,3			
		3,1	3,2	3,3	3,4	4,4	5,4	6,4		
	2,1	2,2	2,3	2,4	2,5	3,5	4,5	5,5	6,5	
1,1	1,2	1,3	1,4	1,5	1,6	2,6	3,6	4,6	5,6	6,6
2	**3**	**4**	**5**	**6**	**7**	**8**	**9**	**10**	**11**	**12**

위 그림을 통해 알 수 있는 것은, 가운데로 갈수록 경우의 수가 많아 뽑힐 확률이 높다는 것이다. 이를 막대 그래프로 나타내 보자.

우리는 앞에서 x축과 y축이 만나는 점을 이용하여 그래프를 그리는 plot( ) 함수를 사용한 경험이 있다.

여기서는, 막대그래프를 그리기 위해, plot( ) 함수의 사촌격인 qplot( ) 함수를 사용해 보자. qplot( ) 함수는 ggplot2 패키지 안에 있고, ggplot2는 R 외부에 있다. 패키지는 여러 함수들을 가지고 있는 꾸러미인데, 패키지라는 꾸러미를 외부로부터 컴퓨터에 내려받을 때는 install.packages(" ") 함수를 사용한다.

> **install.packages("ggplot2")**
package 'ggplot2' successfully unpacked ~ (이하 생략)

ggplot2를 내려받았으니, 이제 ggplot2를 사용할 수 있도록 불러와(활성화시켜) 보자. 내부패키지든 외부패키지든 패키지를 활성화할 때는 liverary( ) 함수를 사용한다.

```
> library(ggplot2)
Warning message:
```
패키지 'ggplot2'는 R 버전 3.4.4에서 작성되었습니다

위와 같이 활성화되었으니, 막대그래프를 그리기 위해, roll3을 가져와 실행해보자.

```
> roll3 <- function( ) {
+    d <- 1 : 6
+    di <- sample(d, 2, replace = T)
+    sum(di)
+ }

> replicate( 100, roll3( ) )
```

이제 100,000만 번을 굴리기 위해 roll5를 만들어, qplot( ) 함수 안에 넣어보자. binwidth는 막대그래프의 너비이다.

```
> roll5 <- replicate( 100000, roll3( ))
> qplot(roll5, binwidth = 1)
```

다음과 같은 그래프가 나왔을 것이다.

133

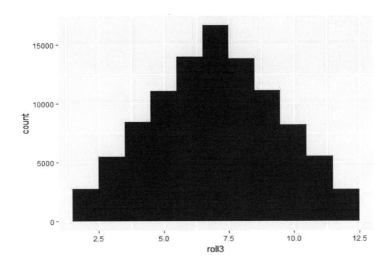

만약 너비를 줄여 binwidth = 0.5 로 하면 다음과 같은 그림이
될 것이다.

> qplot(roll5, binwidth = 0.5)

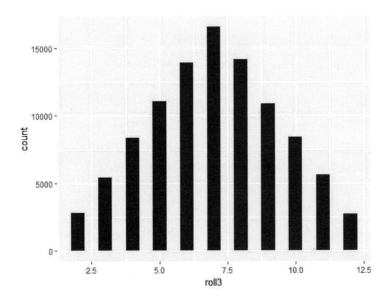

함수만들기, 1 부터 n 까지 합

1부터 n까지 더하는 나만의 함수를 만들어 보자. 나만의 함수를 만드는 과정은 다음과 같다.

첫째, function( ) { } 을 만들고 **둘째**, { } 안에 원하는 식을 넣은 다음 **셋째**, 맨 앞에 이름을 붙이면 된다.

먼저 1부터 100까지 더하여 보자.

```
> i <- 0
> for ( j in 1 : 100 ) {
+    i <- i + j
+ }
> i
[1] 5050
```

100을 n으로 바꾼다.

```
> i <- 0
> for ( j in 1 : n ) {
+    i <- i + j
+ }
> i
```

function( ) { }의 ( ) 안에 n을 넣고, { } 안에는 위 명령어를 넣는다.

```
> function(n) {
+    i <- 0
```

```
+    for ( j in 1 : n ) {
+       i <- i + j
+       }
+       i
+ }
```

내가 만든 함수에 n 이라는 이름을 붙인다.

```
> n <- function(n) {
+    i <- 0
+    for ( j in 1 : n ) {
+       i <- i + j
+       }
+       i
+ }
```

이제 내가 만든 함수에 555 를 넣어 결과를 확인하자.

```
> n(555)
[1] 154290
```

함수만들기, 1 부터 n 까지 곱

이번에는 1 부터 n 까지 곱하는 함수를 만들자. 먼저 1 부터 n 까지 합하는 함수를 가져온다.

```
> n <- function(n) {
+   i <- 0
+   for ( j in 1 : n ) {
+     i <- i + j
+     }
+   i
+ }
```

곱셈을 하기 위해, i <- i + j의 +를 *으로 바꾼다.

```
> n <- function(n) {
+   i <- 0
+   for ( j in 1 : n ) {
+     i <- i * j
+     }
+   i
+ }
```

덧셈을 시작할 때는 0 으로 시작하지만, 곱셈을 시작할 때 0 으로 시작하면 어떤 수를 곱하더라도 0 이 나오기 때문에, 곱셈의 시작은 1 로 하여야 한다. 따라서, i <- 0 의 0 을 1 로 바꾼다.

```
> n <- function(n) {
+   i <- 1
+   for ( j in 1 : n ) {
```

```
+     i <- i * j
+     }
+     i
+ }
```

이제 n(3) 까지 곱해보자.

```
> n(3)
[1] 6
```

10 까지 곱해보자.

```
> n(10)
[1] 3628800
```

R 에는 곱셈을 전문으로 하는 함수 factorial( ) 이 있다. 1 부터 10 까지 곱한 값이 위 n(10)의 결과값과 같은지 확인해 보자.

```
> factorial(10)
[1] 3628800
```

Tip 9

1 부터 6 까지 채우기

0 이 6 개 있는 객체 a 를 만들어 보자.

```
> a <- c(0, 0, 0, 0, 0, 0)
> a
[1] 0 0 0 0 0 0
```

위 명령을, 반복함수 rep()를 이용하여 다음과 같이 간단히 명령할 수도 있다.

```
> a <- rep(0, 6)
> a
[1] 0 0 0 0 0 0
```

이제 위 6 개의 0 에, for( ) 함수를 이용하여 1 부터 6 까지 넣어보자.

```
> a <- rep(0, 6)
> for (i in 1:length(a)) {
+     a[i] <- i
+ }
> a
[1] 1 2 3 4 5 6
```

함수만들기, 구구단

나만의 구구단 함수를 만들어 보자. 나만의 함수는 3단계로 이루어진다.

1단계 : function( ) { } 을 만든다.
2단계 : { } 안에 원하는 식을 넣는다.
3단계 : 맨 앞에 이름을 붙인다.

하지만 작업하다 보면 2단계, 1단계, 3단계 순으로 만드는 것이 더 효율적일 수도 있다. 각자 자기에게 편한 순서로 하면 된다.

먼저, for( ) 함수를 이용하여 두 수를 곱하는 명령을 만든다.

```
> i <- 2 : 9
> for( j in 1 : 9 ) {
+     print( i * j )
+ }
[1]  2  3  4  5  6  7  8  9
[1]  4  6  8 10 12 14 16 18
[1]  6  9 12 15 18 21 24 27
[1]  8 12 16 20 24 28 32 36
[1] 10 15 20 25 30 35 40 45
[1] 12 18 24 30 36 42 48 54
[1] 14 21 28 35 42 49 56 63
[1] 16 24 32 40 48 56 64 72
[1] 18 27 36 45 54 63 72 81
```

위 명령을 function( ) { } 의 { }에 넣는다.

```
> function( ) {
+    i <- 2 : 9
+    for( j in 1 : 9 ) {
+        print( i * j )
+    }
+ }
```

위 함수를 a에 넣는다.

```
> a <- function( ) {
+       i <- 2 : 9
+       for( j in 1 : 9 ) {
+         print( i * j )
+       }
+ }
> a( )
[1]  2  3  4  5  6  7  8  9
[1]  4  6  8 10 12 14 16 18
[1]  6  9 12 15 18 21 24 27
[1]  8 12 16 20 24 28 32 36
[1] 10 15 20 25 30 35 40 45
[1] 12 18 24 30 36 42 48 54
[1] 14 21 28 35 42 49 56 63
[1] 16 24 32 40 48 56 64 72
[1] 18 27 36 45 54 63 72 81
```

이제, 구구단을 확장하여 n n 단을 만들어 보자. print( ) 함수를 cat( ) 함수로 바꾸어 보자.

```
> b <- function( i, n ) {
+       for( j in 1 : n ) {
```

```
+          cat( i * j )
+          }
+ }
> b( 9, 6 )
91827364554
```

결과값이 위와 같이 붙어있을 것이다. 결과값을 보기 좋게 떼어내기 위해서 cat(i * j, "") 이렇게 해주면 된다.

```
> b <- function( i, n ) {
+          for( j in 1 : n ) {
+              cat( i * j, "" )
+          }
+ }
> b( 9, 6 )
9 18 27 36 45 54
```

17단에서, 17을 11까지 곱하되, 붙어 있는 숫자들은 서로 떼어 놓는 함수를 만들어 보자.

먼저 function(i, n) {}을 만들어 b에 넣자.

다음 {} 에 아래 코드를 넣는다.
```
for(j in 1:n) {
  cat( i * j, " " )
}
```

다음 cat( ) 함수 안에 " " 를 넣는다.

```
> b <- function( i, n ) {
```

```
+           for( j in 1 : n ) {
+               cat( i * j, "" )
+           }
+ }
> b( 17, 11 )
17   34   51   68   85   102   119   136   153   170   187
```

이제 식을 넣어 2 * 1 = 2 처럼 나타내 보자. 먼저, for( ) 함수 식을 이용해 명령을 만든다.

```
> i <- 2 : 5
> for( j in 1 : 9 ) {
    print( paste( i, "*", j, "=", i*j) )
+ }
```

위 명령을 function( ) { } 의 { }에 넣고 b99라는 이름을 붙여 보자. paste( ) 함수는 다음과 같이 사용한다.

```
> paste( 1, 2, 3 )
[1] "1 2 3"
```

1, 2, 3을 1-2-3으로 만들려면 아래와 같이 sep 인자를 사용하여야 한다.

```
> paste( 1, 2, 3, sep= "-" )
[1] "1-2-3"
```

sep에 다른 문자를 넣으면 그것으로 바뀐다.

```
> paste( 1, 2, 3, sep= "k" )
[1] "1k2k3"
```

문자를 연결할 때 유용하게 사용할 수 있다.

```
> paste( '당신을', '사랑합니다.' )
[1] "당신을 사랑합니다."
```

function( ) { } 의 { }에 넣어 보자.

```
> b99 <- function( ) {
+       i <- 2 : 5
+       for( j in 1 : 9 ) {
+       print( paste( i, "*", j, "=", i*j) )
+ }
> b99( )
[1] "2 * 1 = 2"  "3 * 1 = 3"  "4 * 1 = 4"  "5 * 1 = 5"
[1] "2 * 2 = 4"  "3 * 2 = 6"  "4 * 2 = 8"  "5 * 2 = 10"
[1] "2 * 3 = 6"  "3 * 3 = 9"  "4 * 3 = 12" "5 * 3 = 15"
[1] "2 * 4 = 8"  "3 * 4 = 12" "4 * 4 = 16" "5 * 4 = 20"
[1] "2 * 5 = 10" "3 * 5 = 15" "4 * 5 = 20" "5 * 5 = 25"
[1] "2 * 6 = 12" "3 * 6 = 18" "4 * 6 = 24" "5 * 6 = 30"
[1] "2 * 7 = 14" "3 * 7 = 21" "4 * 7 = 28" "5 * 7 = 35"
[1] "2 * 8 = 16" "3 * 8 = 24" "4 * 8 = 32" "5 * 8 = 40"
[1] "2 * 9 = 18" "3 * 9 = 27" "4 * 9 = 36" "5 * 9 = 45"
```

제 5 장

결측치

결측치 제거하기

결측치(缺測値, Missing data)란, 정해진 값의 범위를 벗어나 있는 값이다. 이렇게 범위를 벗어나 있는 값을 R에서는 NA라고 표현한다.12)

'1, 2, 3, NA, 5, 6, 7, NA' 라는 데이터가 있다고 하자. 4번째와 8번째가 결측치이다. 이 결측치에 숫자 0을 넣어 결측치를 없애고 싶은데 어떻게 하면 좋을까!!

먼저, 아래와 같이 3이라고 입력하고 실행해 보자.

```
> 3
[1] 3
```

위와 같이 잘 실행이 되었을 것이다. 위와 같이 하나의 데이터만으로 이루어진 것을 스칼라(Scalar)라고 한다. 스칼라에는 숫자로 된 숫자형 스칼라, 문자로 된 문자형 스칼라, 예와 아니오로 된 논리형 스칼라가 있다.

이제 3, 4 라고 실행을 해보자.

```
> 3, 4
Error: unexpected ',' in "3,"
```

위와 같이 에러가 났을 것이다. 숫자 하나씩은 쉽게 알겠는데, 숫자 두 개 사이에 왜 쉼표를 찍었는지 모르겠다고 하는 거 같다. 이는 우리 사람들도 마찬가지일 것이다.

---

12) 정해진 값이 있는데 그 값의 범위에서 벗어난 것을 결측치라고 하고, 값이 없는 것을 NULL이라고 기억해 두자.

위 3, 4 도 모르는데 당연히 아래와 같이 입력하고 실행하면 에러가 날 것이다.

```
> 1, 2, 3, NA, 5, 6, 7, NA
Error: unexpected ',' in "1,"
```

복습 겸 length( ) 함수 안에, 앞의 데이터들을 넣어, 이름 없는 객체인 베타객체가 되는지 확인해보자. length( ) 함수는 객체의 원소가 몇 개인지 알려주는 함수이다.

```
> length(3, 4)
Error in length(3, 4) : ~ (이하 생략)
```

```
> length(1, 2, 3, NA, 5, 6, 7, NA)
Error in length(1, 2, 3, NA, 5, 6, 7, NA) : ~ (이하 생략)
```

위와 같이, 베타객체가 될 수 없다는 것을 확인하였다. 그렇다면 위 두 가지 데이터를 c( ) 함수로 묶으면 어떻게 되는지 알아보자.

```
> length( c(3, 4) )
[1] 2
```

length( ) 함수는 객체의 원소가 몇 개인지 알려주는 함수인데, 위 결과가 2개라고 나왔으니, c( ) 함수로 묶으면 객체가 된다는 것을 확인할 수 있다. 그렇다면 결측치(NA)가 있는 것을 c( )함수로 묶었을 때는 어떻게 되는지 확인해보자.

```
> length( c(1, 2, 3, NA, 5, 6, 7, NA) )
[1] 8
```

위에서 보듯, c( ) 함수로 묶으면 결측치도 원소가 되는 것을 알 수 있다. sum( ) 함수를 사용하여 결측치가 있는지 알아보자.

```
> sum( c(1, 2, 3, NA, 5, 6, 7, NA) )
[1] NA
```

결측치가 있어서 NA라고 나왔다. 위에서는 눈으로 확인가능한 몇 개 안되는 원소여서, 불필요하다고 느낄지 몰라도 원소가 많을 때는 결측치가 있는지 일일이 확인해 볼 수 없다. 이때 하나라도 결측치가 있으면 sum( ) 함수에서는 NA라고 결과를 보여준다.

처음으로 돌아가서, '1, 2, 3, NA, 5, 6, 7, NA' 의 NA를 숫자 0으로 바꾸어 보자.

먼저, 위 데이터들을 c( ) 함수로 묶어 의미 있는 데이터인, 이름 없는 베타객체를 만들어 보자.

```
> 1, 2, 3, NA, 5, 6, 7, NA
> c(1, 2, 3, NA, 5, 6, 7, NA)
[1]  1  2  3 NA  5  6  7 NA
```

다음, p라는 공간에 위 베타객체를 넣어 알파객체를 만든 다음 p를 실행해보자.

```
> p <- c(1, 2, 3, NA, 5, 6, 7, NA)
> p
[1]  1  2  3 NA  5  6  7 NA
```

위 p 객체의 4번째 원소를 나타낼 때는 p[4] 라고 한다. p[4]라고 입력하여 실행해보자.

```
> p[4]
[1] NA
```

p[4]가 빈 공간이어서 결측치(NA)라고 나왔다. p[4]에 0을 넣은 다음 확인해보자.

```
> p[4] <- 0
> p[4]
[1] 0
```

같은 방법으로 p[8]을 0으로 바꿔 보자.

```
> p[8] <- 0
> p[8]
[1] 0
```

이제, p를 실행하여 전체를 확인해보자.

```
> p
[1] 1 2 3 0 5 6 7 0
```

좀 더 알아보기

R에서는, 결측치인지 아닌지 확인하는 is.na( ) 함수가 있다. '1, 2, 3, NA, 5, 6, 7, NA' 를 is.na( ) 함수에 넣어보자.

> is.na(1, 2, 3, **NA**, 5, 6, 7, **NA**)
Error in is.na(1, 2, 3, NA, 5, 6, 7, NA) : ~ (이하 생략)

위와 같이 에러가 났을 것이다. '1, 2, 3, NA, 5, 6, 7, NA' 를 그냥 괄호로 묶어 is.na( )에 넣어 보자.

> **is.na(** (1, 2, 3, NA, 5, 6, 7, NA) **)**
Error: unexpected ',' in "is.na((1,"

역시 에러가 났을 것이다. 이제 '1, 2, 3, NA, 5, 6, 7, NA' 를 c( )함수 안에 넣어 이름 없는 베타객체를 만든 다음, is.na( )에 넣어보자. 결측치(NA)가 맞다면 TRUE라고 보여주고, 결측치(NA)가 아니라면 FALSE라고, 그 결과를 보여줄 것이다.[13)]

영어로, '당신은 거기 있나요?' 를, Are you there? 라고 한다. 마찬가지로, 'NA가 여기 있나요?' 를 영어로 하면, Is NA here? 가 된다. Is NA here? 를 살짝 변형하여, is.na( ) 라고 묻는 것이다. 즉 괄호 안에 NA가 있냐고 묻는 것이다.

> **is.na(** c(1, 2, 3, NA, 5, 6, 7, NA) **)**
[1] FALSE FALSE FALSE **TRUE** FALSE FALSE FALSE **TRUE**

---

13) 물론 이름 있는 알파객체를 만들어 is.na( ) 함수 안에 넣을 수도 있다.

```
> a <- c(1, 2, 3, NA, 5, 6, 7, NA)
> is.na(a)
[1] FALSE FALSE FALSE TRUE FALSE FALSE FALSE TRUE
```

위 식을 변형하여 눈으로 보기 좋게 다음과 같이 쓴 다음 필요할 때마다 불러오기로 한다.

```
> x <- c(1, 2, 3, NA, 5, 6, 7, NA)
> is.na( x )
[1] FALSE FALSE FALSE  TRUE  FALSE FALSE FALSE  TRUE
```

'결측치 제거하기 1' 에서는, 함수를 사용하지 않고 각 결측치에 직접 0을 넣었다. 아래에서는 함수를 이용하여 결측치에 0을 넣어 보기로 한다.

which( ) 함수는 객체 안의 원소를 검색하는 함수이다. 어떤 조건을 주면, 조건에 맞는지 검색하다가 조건에 맞으면 그 원소가 몇 번째에 위치하는지 알려주고, 조건에 맞지 않으면 0 이라고 알려준다.

문자형 원소 "가", "나", "다", "라" 를 가지고 있는 객체 k 를 만든 다음, which( ) 함수를 이용하여 객체 안에 "다" 가 있는지 확인해보자.

수학에서는 = 를 사용하고, 같은 의미로 R에서는 ==를 사용한다. R에서 사용하는 = 는 <- 와 같은 의미의 연산자(연산기호)이다.

```
> k <- c( "가", "나", "다", "라" )
> which( k == "다" )
[1] 3
```

위에서 보듯, k 객체 안에는 "다" 가 3번째에 있음을 알 수 있다. 만일 "마" 가 k 객체 안에 있는지 물어보면 어떻게 될까?

```
> k <- c( "가", "나", "다", "라" )
> which( k == "마" )
integer(0)
```

이제, which( ) 함수 안에 is.na(q)를 넣어, 객체 안에 NA(결측치)가 있는지 검색해 보자.

```
> x <- c(1, 2, 3, NA, 5, 6, 7, NA)
> is.na( x )
[1] FALSE FALSE FALSE TRUE  FALSE FALSE FALSE TRUE
```

위 is.na( ) 함수에서는 NA가 있는 곳을 TRUE로 표시하라는 명령이었다. is.na( ) 함수를 which( ) 함수 안에 넣어 어디에 NA가 있는지 알아 보자.

```
> which( is.na( x ) )
[1] 4 8
```

위 결과에서 4와 8은, is.na( ) 함수 안의 TRUE가 4번째, 8번째에 있다는 의미이다.

어떤 객체에 NA가 포함되어 있다면, 그 객체의 합계 결과는 언제나 NA이다.

```
> x <- c(1, 2, 3, NA, 5, 6, 7, NA)
> sum( x )
[1] NA
```

만일, 결측치를 제외한 나머지의 합계를 알고 싶으면 na.rm=T 인자를 추가하면 된다. na.rm은 na remove의 약자이고, T는 TRUE의 줄임말이다.

이름에는 가족이 같이 쓰는 가족이름인 성(姓, Family Name)과 개인이름(姓名, Given Name)이 있다. R에서 어떤 것들은 성 없이 이름만 쓰고, 어떤 것들은 성이 있다고 생각하면 쉽다. 가령 na.rm은 성과 이름이 있는 것이다. 이렇게 성과 이름이 있을 때는 중간에 마침표(.)를 넣는다고 기억하는 것이, R입문자들에게는 편리한 방법이 될 수 있다.

```
> x <- c(1, 2, 3, NA, 5, 6, 7, NA)
> sum( x, na.rm=T)
[1] 24
```

위와 같은 방식으로, 결측치를 제외한 나머지의 평균을 구할 수도 있다.

```
> x <- c(1, 2, 3, NA, 5, 6, 7, NA)
> mean( x, na.rm=T)
[1] 4
```

그리고, 결측치를 제거하는 na.omit( ) 함수를 사용할 수도 있다.

```
> x <- c(1, 2, 3, NA, 5, 6, 7, NA)
> y <- na.omit(x)
> sum(y)
[1] 24
```

또한, 객체 안에 결측치가 몇 개 있는지 확인하려면, sum( ) 함수 안에 is.na(x)를 넣어 확인할 수 있다.

```
> x <- c(1, 2, 3, NA, 5, 6, 7, NA)
> sum( is.na(x) )
[1] 2
```

다른 방법은 아래와 같다.

```
> x <- c(1, 2, 3, NA, 5, 6, 7, NA)
> y <- whichc( is.na(x) )
> length( y )
[1] 2
```

또한, 정렬 함수인 sort( ) 함수를 사용하면, 자동으로 결측치를 뺀 나머지를 정렬하여 보여줄 것이다.

```
> x <- c(1, 2, 3, NA, 5, 6, 7, NA)
> sort(x)
[1] 1 2 3 5 6 7
```

만일, 결측치를 넣어 정렬하고 싶으면 na.last=T 인자(옵션)를 사용하면 되는데, 결측치는 맨 뒤에 배치하여 보여줄 것이다.

```
> x <- c(1, 2, 3, NA, 5, 6, 7, NA)
> sort(x, na.last=T)
[1]  1  2  3  5  6  7 NA NA
```

그리고 필요하다면, x의 원소 중 3보다 큰 것들만 따로 모아 객체를 만들 수도 있다. 3보다 큰 것들을 y에 넣어보자.

```
> x <- c(1, 2, 3, NA, 5, 6, 7, NA)
> y <- x [x > 3]
> y
```

[1] NA 5 6 7 NA

이제 저 앞에서 나온, 객체의 원소 중 하나를 바꾸었던 아래의 과정을 상기하자.

```
> a <- c( 1, 2, 3 )
> a[1] <- 5
> a
[1] 5 2 3
```

그런 다음, 앞의 명령을 아래에 다시 옮겨 놓고 생각해 보자.

```
> q <- c(1, 2, 3, NA, 5, 6, 7, NA)
> is.na( q )
> which( is.na( q ) )
```

위에 있는 which(is.na(q))를 t 에 넣어 간단히 해보자.

```
> t <- which(is.na( q ))
> t
[1] 4 8
```

그런 다음, 아래와 같이 t를 q의 원소같이 사용하자. 사실 잘 생각해 보면, t는 q의 4번째와 8번째 원소이다.

```
> q[ t ] <- 0
> q
[1] 1 2 3 0 5 6 7 0
```

위와 같이 할 수 있다면 결과적으로, 아래와 같은 더 쉬운 방법을 자연스레 도출해 낼 수 있다.

```
> a <- c(1, 2, 3, NA, 5, 6, 7, NA)
> b <- is.na( a )
> a[ b ] <- 0
> a
[1] 1 2 3 0 5 6 7 0
```

반복을 만드는 for( ) 함수를 이용하여 아래와 같은 명령문을 만들어 보자.

```
> S <- c(1, 2, 3, NA, 5, 6, 7, NA)
> for( i in c(1: 8 ) ) {
+    if( is.na( s [i]) ) {
+    s[i] <- 0
+    }
+ }
> print( s )
[1] 1 2 3 0 5 6 7 0
```

제 4 장

데이터
분 석

새로운 작업공간 설정하기

 작업공간을 wd라고 하는데, 이는 working directory의 머리글자에서 온 말이다. 지금 어느 곳이 R 작업공간으로 설정되어 있는지, getwd( ) 함수를 이용해 확인해보자.

> **getwd( )**
[1] "C:/Users/acorn/Documents"

 실행 결과, 현재 작업공간이 C:/Users/acorn/Documents 에 설정되어 있음을 알 수 있다. 이제 새로운 R작업공간을 위해, 아래와 같이, C 드라이브에 RCODE와 RDATA 폴더를 만들어 보자.

 이제 새로 만든 작업공간 가운데 한 곳에서 작업하기 위해, setwd( ) 함수를 이용해 작업공간을 변경해 보자. R은 대소문자를 구별하는 언어이니, 대문자와 소문자에 유의하여야 한다.

> **setwd("C:/RCODE")**
>

 작업공간 설정이 잘 되었는지 getwd( ) 함수를 이용해 다시 확인해 보자.

> **getwd( )**
[1] "C:/RCODE"

TXT 파일 불러오기

먼저 작업 공간을 C:/RDATA 로 만들자.

확장자가 txt 인 것이 있다. 이런 txt 파일은 문자를 열 단위로 저장하는 파일이다. R 에서는 txt 파일로 저장할 때 UTF-8 로 저장하여야 한다.

윈도우 보조프로그램 안에 있는 메모장을 불러온 다음 '1234' '가나다라'를 입력한다. 이때 맨 마지막 글자인 '라' 오른쪽에 커서를 놓고 엔터키를 한 번 더 눌러서 커서를 그 아래쪽 빈 공간에 떨어 뜨린다.

저장하기 위해 '파일 -> 다른 이름으로 저장'을 선택한다. 그러면 아래와 같은 화면이 뜰 것이다.

파일 이름을 tat.txt 라고 한 다음, 인코딩을 클릭하여 UTF-8
을 선택한 다음 저장한다.

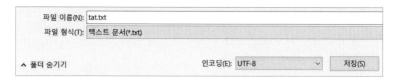

R에서, 조금 전 작업했던 tat.txt 를 불러오기 위해 readLines( )
함수를 사용한다.

아래와 같이 입력한 다음 명령을 실행해 보자.

```
>  a <- readLines("tat.txt", encoding = "UTF-8")
>  a
[1] " 1234"        "가나다라"
```

CSV 파일 불러오기

확장자가 CSV인 것이 있다. CSV는 Comma Separated Value의 약자이다. CSV는 데이터를 콤마(,)로 구분하여 저장한 것이다.

메모장 등을 열어서 아래 그림과 같이 입력한 다음 C:/RDATA에 test.csv 라고 저장해 보자. 이때 맨 마지막 글자 F에서 멈추지 말고 엔터키를 한 번 눌러서 커서가 그 다음줄로 가게 한 상태에서 저장하여야 한다.

R 작업창에서 조금 전에 작업한 test.csv를 read.csv( ) 함수를 이용하여 불러와 보자.

```
> a <- read.csv("test.csv")
> print(a)
```

엑셀 파일 불러오기

먼저 R 작업공간을 확인한 다음 작업공간을 지정해준다.

> **getwd( )**
[1] "C:/Users/acorn/Documents"

> **setwd("C:/RDATA")**
>

엑셀 파일을 아래와 같이 만든 다음 cus 로 저장한다. 저장할 때는 작업 공간인 C:/RDATA 에 저장한다.

아래는 시트1번(sheet1) 그림이다.

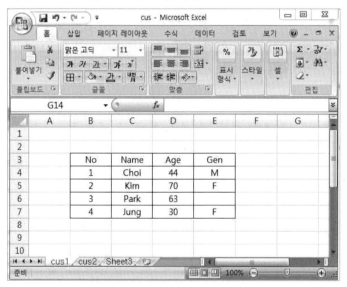

아래는 시트2번(sheet2) 그림이다.

엑셀 파일을 불러오기 위해서는, 엑셀 파일을 불러올 수 있는 외부패키지 readxl 이 필요하다. 우선 readxl 패키지를 컴퓨터에 내려받자. 외부패키지를 내려받을 때는 install.packages( ) 함수가 필요하다.

```
> install.packages('readxl')
>
```

그런 다음, library( ) 함수를 이용해 불러온 readxl 패키지를 활성화해(불러와)보자. R에서는 명령을 잘 수행하였으면 별다른 메시지 없이 > 이 보인다.

```
> library(readxl)
>
```

엑셀 파일을 불러올 때는 read_exel( ) 함수를 사용한다. 엑셀 파일은 확장자가 xlsx 이다. x 가 양옆에 있고 그 안에 ls가 있다. cus.xlsx 파일을 불러와 cus에 넣어 보자.[14]

```
> read_excel("cus.xlsx")
> cus <- read_excel("cus.xlsx")
> cus

A tibble: 4 x 4
    No Nama    Age Gen
 <dbl> <chr> <dbl> <chr>
     1 Choi     44 M
     2 Kim      70 F
     3 Park     63 NA
     4 Jung     30 F
```

위에서는 엑셀 파일의 첫 번째 시트를 불어왔다. 이제 두 번째 시트를 불러와 cus2에 넣어 보자. 불러올 때의 인수는 sheet 이다. sheet=1 이라고 하면 첫 번째 시트를 불러오고, sheet=2 라고 하면 두 번째 시트를 불러온다.

```
> setwd( "C:/RDATA" )
> cus2 <- read_excel("cus.xlsx", sheet=2)
> cus2

A tibble: 5 x 4
    No Name    Age Gen
 <dbl> <chr> <dbl> <chr>
    1. Anna   64. F
    2. Peter  39. NA
    3. Sunny  77. F
    4. Mia    59. M
    5. Mason  38. NA
```

---

[14] 엑셀의 확장자는 2007 이상 버전에서는 xlsx이고, 2003 이하 버전에서는 xls이다.

sheet=2 대신 시트 이름을 써서 sheet="cus2" 라고 하여도 된다. sheet=2 라고 할 때는 " "를 사용하지 않지만, 시트 이름을 사용할 때는 " "를 사용하여 sheet="cus2" 라고 하여야 한다.

```
> cus2 <- read_excel("cus.xlsx", sheet="cus2")
> cus2
A tibble: 5 x 4
    No Name   Age Gen
 <dbl> <chr> <dbl> <chr>
    1. Anna   64. F
    2. Peter  39. NA
    3. Sunny  77. F
    4. Mia    59. M
    5. Mason  38. NA
```

범위를 지정할 때는 range 인수를 사용하여 range="B3:E8" 과 같이 한다. 아래아 한글이나 MS워드 등에서 작업한 것을 복사하여 R의 작업창에 붙여넣기 한 다음 명령을 실행하면 에러나는 경우가 있다. 되도록 R 작업창에서 작업하는 것이 좋다.

```
> setwd( "C:/RDATA" )
> cus3 <- read_excel("cus.xlsx", sheet=cus2, range="B3:E8")
> cus3

A tibble: 5 x 4
    No Name   Age Gen
 <dbl> <chr> <dbl> <chr>
    1. Anna   64. F
    2. Peter  39. NA
    3. Sunny  77. F
    4. Mia    59. M
    5. Mason  38. NA
```

범위를 지정하는 다른 방법은, 맨 위 두 행을 건너 뛰려고 할 때는 skip 인수를 이용하여 건너 뛸 행을 지정하면 된다.

```
> setwd( "C:/RDATA" )
> cus4 <- read_excel("cus.xlsx", sheet="cus2", skip=2)
> cus4
```

```
A tibble: 5 x 4
     No Name      Age Gen
  <dbl> <chr>   <dbl> <chr>
     1. Anna      64. F
     2. Peter     39. NA
     3. Sunny     77. F
     4. Mia       59. M
     5. Mason     38. NA
```

서울시 병원 현황 공공 데이터 수집

데이터 수집은 데이터 분석의 첫 단계이다. '서울 열린 데이터 광장' 안에 있는 '서울시 중구 동물병원 현황'을 다운로드한 다음 R에서 불러오기 해보자.

서울시 열린 데이터 광장(http://data.seoul.go.kr)에 들어간다.

검색창에 '병원' 이라고 입력한 다음 검색한다.

좀 기다리면, 아래와 같은 창이 뜬다.

가운데 부분의 '데이터셋'에 있는 '서울시 중구 동물병원 현황'을 확인한다.

'서울시 중구 동물병원현황'의 위쪽에 있는 'SHEET'를 눌러 안으로 들어간다.

오른쪽 상단에 있는 CSV를 누른다. 그러면 아래와 같은 창이 모니터 아래쪽에 뜰 것이다.

'다른 이름으로 저장'을 눌러, C:/RDATA 에 저장하자.

R스튜디오의 창업창에서, getwd( ) 함수를 사용하여 현재 작업공간을 확인하자.

```
> getwd( )
[1] "C:/Users/acorn/Documents"
```

setwd( ) 함수를 이용하여, '서울시 중구 동물병원 현황'을 저장한 C:/RDATA 로 작업공간을 이동해 보자.

```
> setwd( "C:/RDATA" )
>
```

작업 공간 안에 무엇이 있는지, dir( ) 함수를 이용하여 확인해 보자.

```
> dir( )
[1] "서울시 중구 동물병원 현황.csv"
```

이제 csv 파일을 불러올 수 있는 read.csv( ) 함수를 이용하여, "서울시 중구 동물병원 현황.csv" 파일을 불러오자.

```
> read.csv("서울시 중구 동물병원 현황.csv")
>
```

많은 자료들이 죽 지나갈 것이다. 'read.csv("서울시 중구 동물병원 현황.csv")'를 필요할 때 불러 오기 위해 SF에 저장하자.

```
> SF <- read.csv("서울시 중구 동물병원 현황.csv")
>
```

이제 SF가 어떻게 생겼는지 보기 위해 str( ) 함수를 사용하여 알아보자.

```
> str(SF)
'data.frame':	22 obs. of  22 variables:
 $ 시군구코드       : int  3010000 3010000 3010000 3010000 3010000 3010000 3010000 3010000 3010000 3010000 ...
 $ 신고일자         : int  19750930 19900925 19920212 19950512 19950802 1981207 20000526 20020810 20020830 20011226 ...
 $ 갑소명           : Factor w/ 22 levels "Zoo동물병원",..: 6 14 9 22 4 5 20 3 18 7 ...
 $ 영업상태코드     : int  2 0 0 0 0 2 2 0 2 0 ...
 $ 영업상태         : Factor w/ 2 levels "정상","폐업": 2 1 1 1 1 2 2 1 2 1 ...
 $ 사업장소재지.지번: Factor w/ 22 levels "서울특별시 중구 만리동2가 10번지 1호 ",..: 7 20 4 2 16 18 6 14 3 5 ...
 $ 휴업시작일자     : logi  NA NA NA NA NA NA ...
 $ 휴업종료일자     : logi  NA NA NA NA NA NA ...
 $ 폐업일자         : int  20040117 NA NA NA 20080103 20040520 NA 20090803 NA ...
 $ 재개업일자       : logi  NA NA NA NA NA NA ...
 $ 행정처분일자     : logi  NA NA NA NA NA NA ...
 $ 행정처분사유     : logi  NA NA NA NA NA NA ...
 $ 전화번호         : Factor w/ 22 levels "","02-2232-7975",..: 15 21 13 22 18 19 11 17 9 10 ...
 $ 면적             : num  0 0 306 0 0 ...
 $ 건물용도         : Factor w/ 5 levels "","제2종일반주거지역및반상업지역",..: 1 1 3 1 1 1 1 1 1 1 ...
 $ 건물구조         : Factor w/ 10 levels "","근린생활시설",..: 1 1 10 1 1 1 1 1 1 9 ...
 $ 지하층           : Factor w/ 6 levels "","1종근린생활시설",..: 1 1 2 1 1 1 1 1 1 3 ...
 $ 지상층           : int  0 0 7 0 0 0 0 0 0 NA ...
 $ 건물도시계획     : int  0 0 1 0 0 0 0 0 0 2 ...
 $ 건물주변환경     : Factor w/ 5 levels "","제2종일반주거지역및반상업지역",..: 1 1 3 1 1 1 1 1 1 1 ...
 $ 신고면허세종호   : Factor w/ 4 levels "","상가","상업지역",..: 1 1 1 1 1 1 1 1 1 1 ...
 $ 신고면허세종호   : Factor w/ 5 levels "","4-029","4종",..: 5 5 5 5 5 1 5 5 5 1 ...
 $ 우편번호.지번.   : logi  NA NA NA NA NA NA ...
```

워드 클라우드 만들기

아래 그림은 워드 클라우드를 시각화한 것이다.

워드 클라우드(word cloud)는 문서의 키워드, 개념 등을 직관적으로 파악할 수 있도록 핵심 단어를 시각적으로 돋보이게 하는 기법이다. 예를 들면 많이 언급될수록 단어를 크게 표현해 한눈에 들어올 수 있게 하는 기법 등이 있다. 주로 방대한 양의 정보를 다루는 빅데이터(big data)를 분석할 때 데이터의 특징을 도출하기 위해 활용한다.15)

아래에 있는 내용을 차례대로 하면 위 그림과 같은 워드 클라우드를 만들 수 있을 것이다.

---

15) 『네이버 지식백과』 키워드 '워드 클라우드
   https://terms.naver.com/entry.nhn?docId=2838488&cid=43667&categoryId=43667

먼저 Java JDK 를 깔아야 한다. 아래를 보고 따라해 보자.

1. 아래 URL 로 들어간다.
http://www.oracle.com/technetwork/java/index.html

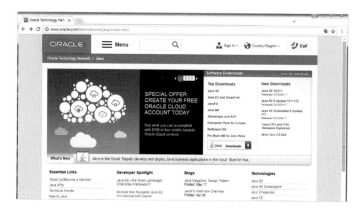

2. 오른쪽 상단에 있는 Java SE 를 누른다. 이때 동의하냐는 화면이 나오면 동의한다고 누르면 된다.

3. 중간 오른쪽에 있는 JDK DOWNROAD를 누른다.

아래 그림은 JDK DOWNROAD를 확대한 그림이다.

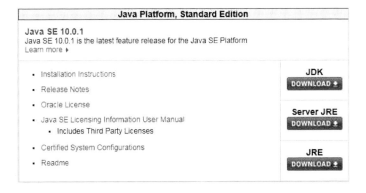

4. 아래와 같은 그림이 나오면 Accept License Agreement에 체크하고, 맨 아래에 있는 Windows 버전을 다운받는다.

5. 위와 같이 하였다면 다운로드가 될 것이다. 다운로드 현황은 윈도우 창 왼쪽 하단에 표시될 것이다. 윈도우 창의 아래 그림은 왼쪽 하단을 확대한 그림이다. jdk-10.0.1_windows-x64_bin.exe 가 보일 것이다.[16)]

16) jdk-10.0.1_windows-x64_bin.exe 버전은 2018년 6월 말 기준이다. 시간이 흐르면 최신버전은 달라질 수 있다.

6. 좀 기다렸다가, 다운로드가 다 되었다고 메시지가 나오면, 메시지가 나왔던 왼쪽 하단을 클릭하면 조그만 창이 뜰 것이다. '예'를 누르면 된다.

7. 아래와 같이 설치 첫 화면 창이 뜨면, Next 를 누른다.

8. Java 의 설치경로를 확이나는 창이 나오면, Next 를 누른다.

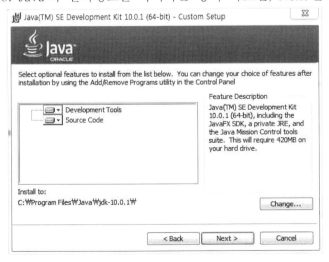

9. 아래와 같은 그림이 나오면서 설치가 진행될 것이다.

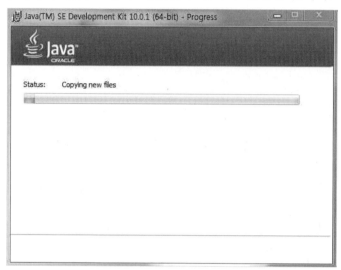

10. 아래와 같은 그림이 나오면 close 를 누르면 된다.

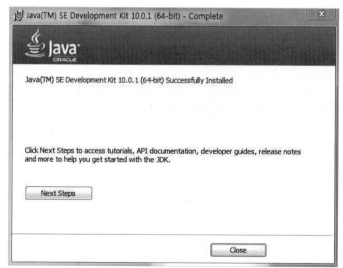

위와 같이 하여 JDK 설치를 마쳤으면 이제 '네이버 영화'로 가서 파일을 하나 다운 받자.

1. 네이버 영화로 들어간다. 주소는 아래와 같다.
   https://movie.naver.com/

2. 영화검색에서, '식물도감'이라고 검색하여 들어가면 아래와 같은 화면이 뜰 것이다. 식물도감의 주소는 아래와 같다.
   https://movie.naver.com/movie/bi/mi/basic.nhn?code
   =151145

3. 줄거리 하단에 있는 '제작노트보기'를 클릭한다.

4. 제작노트 오른쪽 아래에 있는 '내용 더보기'를 클릭한다.

5. HOT ISSUE 1 ~ HOT ISSUE 3 까지를 모두 선택한 다음 '컨트롤+C'를 눌러 복사한다.

6. 윈도우 보조프로그램에 있는 메모장을 불러온다.

7. 메모장에 '컨트롤+V'를 눌러 붙여 넣는다.

8. 맨 아래줄 아무 곳에서나 왼클릭하면 커서가 깜박일 것이다.
그 상태에서 키보드판에 있는 'End'키를 누른다. 그러면 커서가
맨 마지막 글자의 오른쪽에서 깜박일 것이다. 그 상태에서 엔터키
를 한 번 누른다. 그러면 커서가 비어있는 아래줄로 이동할 것이
다. 그 상태에서 '파일 -> 다른 이름으로 저장하기'를 선택한다.

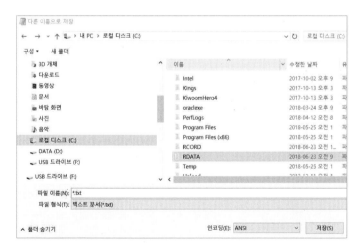

9. RDATA를 선택하고, 파일이름에는 EL.txt 라고 적고, 그 아래에 있는 인코딩을 클릭하여 UTF-8을 선택한 다음 저장한다.

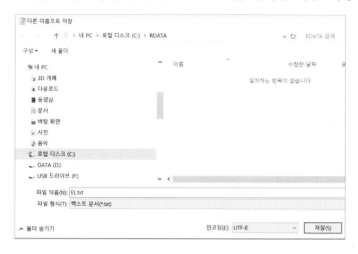

최종적으로 C:/RDATA/EL.txt 형태로 파일이 저장되어 있을 것이다.

이렇게 하여, JDK 설치와 '식물도감 파일'을 내려 받아 저장이 끝났으면, RStudio로 돌아와서 작업하여야 한다.

RStudio로 돌아왔으면, 아래 과정을 따라해 보자.

rJava는 R 외부에 있는 패키지이다. 패키지는 여러 함수들을 가지고 있는 꾸러미인데, 패키지라는 꾸러미를 외부로부터 컴퓨터에 내려받을 때는 install.packages(" ") 함수를 사용한다. 아래와 같이 입력하여 실행해 보자.

> **install.packages("rJava")**

그러면 아래와 같은 창이 나올 것이다. Yes 를 누르면 된다.

내려 받기가 끝나면, 응답창에 아래와 같은 메시지가 나올 것이다. 그러면 잘 된 것이다.

package 'rJava' successfully unpacked and MD5 sums checked ~~ (이하생략)

그 다음에는, 한국어 형태소 분석을 위해 KoNLPy 를 내려받아야 한다. KoNLPy는 "코엔엘파이"라고 읽는다.[17] KoNLPy역시 R 외부에 있는 패키지이다.

---

17) "코엔엘피"라고 부르는 사람도 있다. 아마 파일 이름에 y가 없어서 그렇게들 부르는 거 같다.

따라서 install.packages(" ") 함수를 사용해야 한다. 아래와 같이 입력하여 실행해 보자. 과정은 JDK와 같다.

> **install.packages("KoNLP")**

이제 JDK가 있는 곳을 지정하여 알려줄 차례이다. 아래와 같이 R작업창에 입력한다.

> **Sys.setenv(JAVA_HOME=" ")**

그렇게 입력만 한 상태에서 명령을 실행하지 않고, 아래 과정을 따라 한다.

1. 바탕화면으로 가서, 컴퓨터 아이콘을 누른다. 그러면 아래와 같은 창(화면)이 뜰 것이다.

2. C 드라이브를 더블클릭한다.

3. Program Files를 더블클릭한다.

4. Java를 더블클릭한다.

5. JDK를 깔면, jre로 시작하는 글자와 버전을 그 뒤에 달고 있다. 즉 내려 받는 시점에 따라 버전이 다를 수 있다. 만약 하나라면 그것을 클릭하고, 여러개가 있다면 내려 받은 날을, 그 오른쪽에 있는 '수정한 날짜'에서 확인하여 더블클릭한다.

6. 창 맨 위쪽는, 아래 그림의 화살표 끝 부분을 클릭한다. 아마 파란색으로 바뀌고 글씨가 나타날 것이다. 그 상태에서 컨트롤+C 를 하여 글씨를 복사한다.

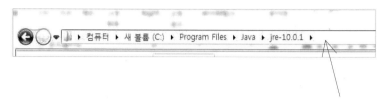

7. RStudio로 돌아 와서, Sys.setenv(JAVA_HOME=" ") 의 " " 안에 조금 전에 복사했던 글자를 붙여 넣는다. 그러면 아래와 같이 된다.

> Sys.setenv(JAVA_HOME="C:\Program Files\Java\jre-10.0.1")

그런 다음, 위 명령에서 \를 모두 / 으로 바꿔서, 아래와 같이 만든다.18)

> Sys.setenv(JAVA_HOME="C:/Program Files/Java/jre-10.0.1")

지금까지 RStudio에서 했던 명령을 적으면 아래와 같은 3줄이다.

> install.packages("rJava")
> install.packages("KoNLP")
> Sys.setenv(JAVA_HOME="C:/Program Files/Java/jre-10.0.1")

---

18) / 로 바꾸기 싫으면, \\처럼 2번 하는 방법도 있다.

이제 rJava와 KoNLP를 활성화 하기 위해 library( ) 함수를 이용하여 아래와 같이 입력하고 실행한다.

```
> library(rJava)
> library(KoNLP)
```

그 다음에는, 워드 클라우드를 만들기 위해 wordcloud를 내려받아야 한다. 역시 install.packages(" ") 함수를 사용하여 내려받고, library( ) 함수를 이용하여 불러오면 된다.

```
> install.packages("wordcloud")
> library("wordcloud")
```

다음은 워드 클라우드에 쓰일 색깔을 가지고 있는 색채 팔레트를 내려받고 불러와 보자.

```
> install.packages("RcolorBrewer")
> library("RColorBrewer")
```

지금까지 실행한 명령은 총 9줄이다. 그 9줄은 아래와 같다.

```
# 페키지 설치
> install.packages("rJava")
> install.packages("KoNLP")
> Sys.setenv(JAVA_HOME="C:/Program Files/Java/jre-10.0.1")

> library(rJava)
> library(KoNLP)
```

```
> install.packages("wordcloud")
> library("wordcloud")

> install.packages("RcolorBrewer")
> library("RColorBrewer")
```

만일, 색깔을 보고 싶으면 display.brewer.all( ) 함수를 사용하면
된다. 그러면 정보창에 색깔이 나타날 것이다.

```
> display.brewer.all( )
```

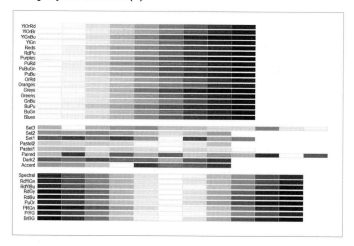

이제 식물도감 파일을 불러오기 위해, setwd( ) 함수를 이용하
여 식물도감 파일이 있는 곳을 지정한다.

```
> setwd("C:/RDATA")
```

식물도감 파일이 있는 C:/RATA 에 잘 지정이 되었는지 getwd(
) 함수로 확인한다.

> getwd( )
[1] "C:/RDATA"

응답창에 위와 같은 결과가 나왔다면 지정이 잘 된 것이다.

다음, 식물도감 파일을 readLines( ) 함수를 이용하여 불러와서 a1에 담은 후 a1을 실행해 보자.

> a1 <- readLines("EL.txt", encoding = "UTF-8")
> a1
[26] " 영화 전반에 걸쳐 동화같이 따뜻한 영상을 담아낸 제작진이 지만 장마의 계절에 시작된 촬영은 날씨와의 계속된 싸움이었다고. 여기에 영화의 또 다른 주인공인 야생 식물들을 제대로 카메라에 담아내기 위해 제작진은 야생 식물학자와 함께 일본 전역을 돌며 총 80종, 약 100그루가 넘는 식물들을 조달하는 백방의 노력을 거 듭했다. 원예 식물이 아닌 제철에 피는 야생 들풀과 꽃을 구해 강 가에 꽃밭을 만드는 작업은 녹록지 않았지만 제작진의 노력은 결국 최상의 영상을 만들어 냈다. 또한 변덕스러운 날씨와 스케줄 조율 등의 변수가 많았음에도 불구하고 잠자는 시간까지 아껴가며 캐릭 터 이입에 몰두한 배우들의 노력도 빛을 발했는데, 평소 요리 경험 이 없던 이와타는 요섹남 '이츠키'의 화려하진 않지만 능숙한 요리 솜씨를 표현하기 위해 계란을 5판이나 써가며 오믈렛 연습에 매진 했다. 이렇듯 캐릭터 연구 외에도 사계절 로맨스를 구현하기 위한 모든 이들의 노력이 깃든 <식물도감>은 극장가를 찾은 관객들의 마음을 따스한 감성으로 가득 채울 것으로 보인다."

만일 위와 같이 나왔다면 잘 된 것이다. 응답창을 스크롤 해보면 식물도감 파일이 모두 들어와 있음을 알 수 있을 것이다.

extractNoun은 KoNLP 패키지 안에 있는 것으로, 문장을 단어로 만든 다음, 명사만 뽑아 내라는 명령이다.

USE.NAMES=F 역시 KoNLP 패키지 안에 있는 것으로, T를 쓰면 원문과 함께 쓰라는 것이고, F를 쓰면 원문은 사용하지 않는다는 명령이다.

apply( ) 함수는 동일객체 안에 있는 행과 열을 쉽게 작업하기 위해 만든 함수이다. apply( ) 함수의 생김새(구조)는 아래와 같다.[19]

apply(알파객체, 행/렬, 함수)

sapply( ) 함수는 apply와 달리 행을 사용하지 않고, 열에만 사용할 수 있다. 그렇기 때문에 행과 열을 선택할 필요가 없다.

그리고 sapply( ) 함수의 결과는 성격이 같은 단일객체를 만들어 낸다. 이것을 기억하고 있어야 한다. sapply( ) 함수의 생김새(구조)는 아래와 같다.

sapply(알파객체, 함수)

---

19) apply와 sapply에 대해서는 이 책 74~76쪽에서 확인할 수 있다.

자 이제, 워드 클아우드를 만들기 위해 명사를 추출해 a2에 담아 보자.

```
> a2 <- sapply(a1, extractNoun, USE.NAMES=F)
> a2
```

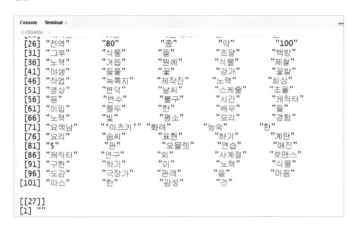

객체이해에서 다루었지만 c( ) 함수는 '어떤 것을 괄호( )로 묶어 C 뒤에 놓는다.' 는 의미이다. 1:4 는 1부터 4까지의 자연수를 의미한다.[20]

```
> c( 1 : 4 )
[1] 1 2 3 4
```

리스트(list)는 독립적이기 때문에 동일하지 않게 데이터를 넣을 수 있다.[21] list의 결과를 보면 [[1]] 이 있어서 c( ) 함수와 다르다는 것을 알 수 있다.

---

20) c( ) 함수에 대해서는 이 책 31쪽을 참조한다.
21) list( ) 함수에 대해서는 이 책 67~68쪽을 참조한다.

```
> list(1:4)
[[1]]
[1] 1 2 3 4
```

unlist( ) 함수는 list( ) 함수의 성질을 없애고, c( ) 함수처럼
만든다.

```
> unlist(1:4)
[1] 1 2 3 4
```

이제 위 a2를 unlist( ) 함수에 넣어 혹시 모를 list 성질을 없앤
다음 a3에 넣어 보자. 약간의 변화가 있을 것이다.

```
> a3 <- unlist(a2)
> a3
```

```
Console  Terminal
C:/RDATA/
[511] "녹록지"      "제작진"       "노력"
[514] "최상"        "영상"         "변덕"
[517] "날씨"        "스케줄"       "조율"
[520] "등"          "변수"         "불구"
[523] "시간"        "캐릭터"       "이입"
[526] "몰두"        "한"           "배우"
[529] "들"          "노력"         "빛"
[532] "평소"        "요리"         "경험"
[535] "요섹남"      "'이츠키'"     "화려"
[538] "능숙"        "한"           "요리"
[541] "솜씨"        "표현"         "하기"
[544] "계란"        "5"            "판"
[547] "오믈렛"      "연습"         "매진"
[550] "캐릭터"      "연구"         "외"
[553] "사계절"      "로맨스"       "구현"
[556] "하기"        "이"           "노력"
[559] "식물"        "도감"         "극장가"
[562] "관객"        "들"           "마음"
[565] "따스"        "한"           "감성"
[568] "것"          ""
```

NROW( ) 함수를 이용하여 a4 객체의 행의 개수를 알아 보자.

```
> NROW(a3)
[1] 568
```

자료가 휙 지나가고 맨 마지막에 [568] 이라고 되어있으니 총 569개 임을 알 수 있다. 이제 head( ) 함수를 사용하여, 앞에서 부터 50개만 보기로 한다.

> head(a3, 50)

```
Console  Terminal
C:/RDATA/
 [1] "HOT"      "ISSUE"    "1"        "  "       "일"
 [6] "본"       "박스"     "오피스"   "1"        "위"
[11] "흥행"     "수익"     "22"       "억"       "엔"
[16] "돌파"     "한"       "화제작"   "'소확행'" "담"
[21] "무공해"   "힐링"     "로맨스"   "식물"     "도감"
[26] "국내"     "극장"     "상륙"     "  "       "초여름"
[31] "산뜻"     "한"       "두"       "남녀"     "순수"
[36] "한"       "힐링"     "로맨스"   "영화"     "식물"
[41] "도감"     "6"        "월"       "21"       "국내"
[46] "극장가"   "영화"     "식물"     "도감"     "도서관"
```

위 a3 객체를 write( ) 함수를 사용하여, EL2.txt 라고 저장해 보자.

> write(a3, "EL2.txt")

위에서 저장한 **EL2.txt**를 불러와, read.table( ) 함수를 이용하여 공백을 자동으로 제거한 다음, a4 객체에 담아 보자.

> a4 <- read.table("EL2.txt")

NROW( ) 함수를 이용하여 a4 객체의 행의 개수를 알아 보자. a3과 a4의 개수의 차이를 확인할 수 있을 것이다.

> NROW(a4)
[1] 557

위 a4 를 print( ) 함수를 사용하여, 화면에 출력하여 확인해 보
자.

> print(a4)

Console	Terminal	
C:/RDATA/		
543	로맨스	
544	구현	
545	하기	
546	이	
547	노력	
548	식물	
549	도감	
550	극장가	
551	관객	
552	들	
553	마음	
554	따스	
555	한	
556	감성	
557	것	

위 a4 객체를, table( ) 함수를 이용하여, 표 또는 표와 유사한
것으로 만들어 b 에 넣은 다음, b를 실행하여 확인해 보자.

> b <- table(a4)
> b

Console	Terminal		
C:/RDATA/			
1	1	1	1
평소	평정	표현	무드
1	1	1	1
프레	하기	하인	한
1	2	2	26
할리우드	함	핫한	해
1	1	1	2
호흡	화	화려	화제
2	1	1	4
화제상	화제작	환상	활용
1	1	1	1
후	후보	흥행	흥행작
1	1	2	1
히로	히로는	힐링	힐링을
1	1	4	2

정렬하기 위해 sort( ) 함수를 사용하고, 빈도수가 많은 순으로 즉 1, 2, 3이 아닌 3, 2, 1과 같이 내림차순으로 정렬하려면 sort( ) 함수의 인자를 **decreasing=T** 로 한다. 그리고 빈도수가 많은 맨 위 35개를 뽑아 b1에 저장한 다음 확인한다.

```
> b1 <- head( sort(b, decreasing=T), 35 )
> b1
```

Console	Terminal

C:/RDATA/

a4
한	식물	도감	들	로맨스	배우
26	17	11	10	10	8
본	일	영화	노력	매력	야생
8	8	7	5	5	5
국내	두	등	마음	순수	이
4	4	4	4	4	4
작품	타카하타	화제	힐링	'이츠키'	ISSUE
4	4	4	4	3	3
감성	개봉	관객	극장가	남녀	따뜻
3	3	3	3	3	3
미츠키가	박스	사랑	선사	성	
3	3	3	3	3	

지금까지 진행한 명령을 다시 한 번 적으면 다음과 같다. 중간에 진행했던 보충설명은 생략하였다.

```
# 패키지 설치하기
> install.packages("rJava")
> install.packages("KoNLP")
> Sys.setenv(JAVA_HOME="C:/Program Files/Java/jre-10.0.1")

> library(rJava)
> library(KoNLP)

> install.packages("wordcloud")
> library("wordcloud")

> install.packages("RcolorBrewer")
> library("RColorBrewer")
```

데이터 읽어오기

```
> setwd("C:/RDATA")
> getwd( )

> a1 <- readLines("EL.txt", encoding = "UTF-8")
> a1
```

명사 추출하기

```
> a2 <- sapply(a1, extractNoun, USE.NAMES=F)
> a2
```

파일 저장과 불러오기

```
> a3 <- unlist(a2)
> a3
> head(a3, 50)
> write( a3, "EL2.txt" )
> a4 <- read.table("EL2.txt")
> NROW(a4)
```

분할표(table) 만들기

```
> b <- table(a4)
> b

> b1 <- head( sort(b, decreasing=T), 35 )
> b1
```

단어 추출하기

KoNLP 패키지의 extractNoun이 수행된 결과, b1에는 '명사'가 추출되어 있을 것이다.

이제 b1의 명사 중에서, 불필요한 명사를 제거할 차례이다. 명령어는 gsub(" ", 객체) 함수이다. 먼저 한글 명사만 추출할 것이기 때문에 영어와 숫자를 제거한 다음 다시 a3에 저장하자. 이때 [A-Z a-z] 의 의미는 대문자 A부터 Z까지, 그리고 소문자 a부터 z까지를 의미한다. 또한 [1-1000] 의 의미는 1부터 1000까지를 의미한다. 뒤쪽에 있는 ""는 빈문자열을 의미하는데, 이때 공백없이 써야 한다.

```
> a3 <- gsub( "[A-Z a-z]", "", a3 )
> a3 <- gsub( "[1-1000]", "", a3 )
```

공백을 제거할 때는 아래와 같이 지워야 할 곳에 " " 아무 것도 넣지 않고, 띄워서 공백을 만든다.

```
> a3 <- gsub( "  ", "", a3 )
```

위 b1 그림을 가져와 확인해 보자.

```
Console   Terminal
C:/RDATA/
a4
        한        식물        도감        들      로맨스        배우
        26          17          11        10          10          8
        본          일        영화        노력        매력        야생
         8           8           7           5           5          5
        국내         두          둥        마음        순수          이
         4           4           4           4           4          4
        작품      타카하타      화제        힐링      '이츠키'      ISSUE
         4           4           4           4           3          3
        감성        개봉        관객        극장가       남녀        따뜻
         3           3           3           3           3          3
      미츠키가      박스        사랑        선사          성
         3           3           3           3           3
```

197

위 그림을 보면서, 한 개의 낱말 중 무의미한 '한, 들, 본, 일, 두, 등, 이' 등을 삭제해보자. 삭제 방법은 똑같다.

```
> a3 <- gsub( "한", "", a3 )
> a3 <- gsub( "들", "", a3 )
> a3 <- gsub( "본", "", a3 )
> a3 <- gsub( "일", "", a3 )
> a3 <- gsub( "두", "", a3 )
> a3 <- gsub( "등", "", a3 )
> a3 <- gsub( "이", "", a3 )
```

작은 따옴표를 삭제해야 하는데, 입력하면 삭제가 안될 수 있다. 이 때에는 응답창에 있는 작은 따옴표를 컨트롤+C로 복사하여 오려 붙이면 삭제가 될 것이다.

```
> a3 <- gsub( " ' ", "", a3 )
> a3 <- gsub( " ' ", "", a3 )
```

그런 다음, 지금까지 변화가 있었던 a3을 table( ) 함수로 불러낸 다음 b에 저장 한다. 그리고 b1 과정을 한 번 더 반복한다.

```
# 추출 확인
> b <- table(a3)
> b

> b1 <- head( sort(b1, decreasing=T), 35 )
> b1
```

위 추출 확인 과정에서, 다시 추출하여야 할 단어가 보이면 위로 올라가, '**# 단어 추출하기**'의 맨 아래로 이동하여 명령을 추가한다. 그런 다음 '**# 추출 확인**'을 한다. 이 과정을 반복하여 완성도를 높인다.

다음으로, brewer.pal( ) 함수를 이용하여 색깔의 개수와 글꼴을 선택한다. 색깔의 개수를 나타낼 때는 숫자를 써주면 되고, 글꼴은 set1이 가장 무난한 거 같다. 이렇게 지정하였다면 pal에 저장한다.

색깔 수와 글꼴
> pal <- brewer.pal(9, "Set1")

더 궁금한 내용은 help( ) 함수를 통해 알아볼 수 있다. 만일 help(brewer.pal) 라고 입력한 다음 실행하면, 정보창에 아래 그림과 같은 정보가 보일 것이다.

> help(brewer.pal)

RColorBrewer {RColorBrewer}   R Documentation

ColorBrewer palettes

Description

Creates nice looking color palettes especially for thematic maps

Usage

```
brewer.pal(n, name)
display.brewer.pal(n, name)
display.brewer.all(n=NULL, type="all", select=NULL, exact.n=TRUE,
colorblindFriendly=FALSE)
brewer.pal.info
```

Arguments

n	Number of different colors in the palette, minimum 3, maximum depending on palette
name	A palette name from the lists below
type	One of the string "div", "qual", "seq", or "all"
select	A list of names of existing palettes
exact.n	If TRUE, only display palettes with a color number given by n
colorblindFriendly	if TRUE, display only colorblind friendly palettes

이제 끝으로, wordcloud( ) 함수를 이용하여 '단어 구름' 즉 워드 클라우드를 만들어 보자. wordcloud( ) 함수 안의 인자는 다음과 같다.

> names( ) : 불러올 객체 이름
> freq : 빈도수(출현 횟수)
> scale=c(5, 1) : 비율, 5대 1을 의미.
> rot.per=0.25 : 회전 비율.
> min.freq : 최소 언급 횟수.
> max.freq : 최대 언급 횟수.
> random.order=F : 무작위 추출 순서.
> random.color=T : 색깔을 무작위로 추출.
> colors=palete : 색 설정, 위에서 설정한 pal.

위 인자를 참고하여, 아래와 같이 명령을 내려보자. 이때 옆으로 인자가 많으면 쉼표 뒤에서 내리면 되는데, 끝에 쉼표를 넣다 보면 쉼표를 넣었는지 안 넣었는지 분간이 안갈 때가 있다. 그래서 편법으로 쉼표를 앞에 넣고 있다.

```
# 워드 클라우드 만들기
> wordcloud(names(b1), freq=b1
            ,scale=c(5,1)
            ,rot.per=0.25
            ,min.freq=1
            ,random.order=F
            ,random.color=T
            ,colors=pal)
```

이렇게 하면, 정보창에 아래와 같은 그림이 보일 것이다. 만일 크게 보고 싶다면 Zoom을 클릭하면 된다.

만에 하나, 위 그림에서 추출해야 할 글자나 기호 등이 보였다면 '**# 단어 추출하기**'로 돌아가 제거한 다음 그 아래 과정을 순차적으로 밟아야 한다.

위에서 진행한 워드 클라우드 만드는 과정을 아래에 다시 한 번 써보기로 한다. 중간의 보충설명은 생략하였다.

패키지 설치하기
> install.packages("rJava")
> install.packages("KoNLP")
> Sys.setenv(JAVA_HOME="C:/Program Files/Java/jre-10.0.1")

> library(rJava)
> library(KoNLP)

```
> install.packages("wordcloud")
> library("wordcloud")

> install.packages("RcolorBrewer")
> library("RColorBrewer")
```

데이터 읽어오기
```
> setwd("C:/RDATA")
> getwd( )

> a1 <- readLines("EL.txt", encoding = "UTF-8")
> a1
```

명사 추출하기
```
> a2 <- sapply(a1, extractNoun, USE.NAMES=F)
> a2
```

파일 저장과 불러오기
```
> a3 <- unlist(a2)
> a3
> head(a3, 50)
> write( a3, "EL2.txt" )
> a4 <- read.table("EL2.txt")
> NROW(a4)
```

분할표(table) 만들기
```
> b <- table(a4)
> b

> b1 <- head( sort(b, decreasing=T), 35 )
> b1
```

```
# 단어 추출하기
> a3 <- gsub( "[A-Z a-z]", "", a3 )
> a3 <- gsub( "[1-1000]", "", a3 )
> a3 <- gsub( "  ", "", a3 )
> a3 <- gsub( "한", "", a3 )
> a3 <- gsub( "들", "", a3 )
> a3 <- gsub( "본", "", a3 )
> a3 <- gsub( "일", "", a3 )
> a3 <- gsub( "두", "", a3 )
> a3 <- gsub( "등", "", a3 )
> a3 <- gsub( "이", "", a3 )
> a3 <- gsub( " ' ", "", a3 )
> a3 <- gsub( " ' ", "", a3 )

> a3 <- gsub("인", "", a3)
> a3 <- gsub("작", "", a3)
> a3 <- gsub("원", "", a3)
> a3 <- gsub("상", "", a3)
> a3 <- gsub("품", "", a3)
> a3 <- gsub("기", "", a3)
> a3 <- gsub("하", "", a3)
> a3 <- gsub("여", "", a3)
> a3 <- gsub("연", "", a3)
> a3 <- gsub("2", "", a3)
> a3 <- gsub("츠키", "", a3)

# 추출 확인
> b <- table(a3)
> b

> b1 <- head( sort(b1, decreasing=T), 35 )
> b1
```

```
# 색깔 수와 글꼴
> pal <- brewer.pal(9, "Set1")

# 워드 클라우드 만들기
> wordcloud(names(b1), freq=b1
            ,scale=c(5,1)
            ,rot.per=0.25
            ,min.freq=1
            ,random.order=F
            ,random.color=T
            ,colors=pal)
```

참/고/문/헌

ABC

『R과 함께한 데이터 여행』 이부일 외 지음. 서울 2016. 경문사.
『R로 배우는 데이터 분석 기본기 데이터 시각화』 후나오 노부오 지음, 김
　　성재 옮김. 서울 2016. 한빛미디어.
『R을 이용한 빅데이터분석 입문』 민만식 지음. 서울 2017. 한티미디어.
『R좀 R려줘』 김승욱 지음. 경기 2017. 느린생각.

다

『데이터 분석 R 고 싶니』 백종일 지음. 서울 2018. 비제이퍼블릭.

바

『빅데이터 분석을 위한 R프로그래밍』 김진성 지음. 서울 2018. 가메출판
　　사.

아

『알찬 R프로그래밍』 홍성용 지음. 서울 2016. 내하출판사.
『언어인간학』 김성도 지음. 경기 2017. 21세기북스.
『예제로 배우는 데이터 분석』 서주영 외 지음. 서울 2017. 휴먼 싸이언스.

에/필/로/그

2018년 4월 11일, 문재인 대통령이, 청와대 본관 접견실에서 클라우스 슈밥 세계경제포럼(WEF, 다보스포럼) 회장에게 "4차산업혁명에 대해 어떻게 적응해야 할지 많은 조언을 부탁드린다"고 묻자, 슈밥 회장은 "제 저서가 세계적으로 100만부 가량 팔렸는데 그 중 30만부가 한국에서 팔렸다" 며 "이것만 봐도 한국이 얼마나 4차 산업혁명에 높은 관심을 갖고 있는지 알 수 있다." 고 했다.

눈만 뜨면 빅데이터, 인공지능에 대한 소식이 들려오는 것을 보니, 이제 명실공히 4차산업혁명은 우리 눈앞에 다가와 있는 것 같다.

R은 1990년, 뉴질랜드의 통계학 교수였던 로버트 잰틀맨(Robert Gentleman)과 로스 이하카(Ross Ihaka)가 개발한 프로그래밍 언어로, Open source여서 개인과 기관은 무료로 사용할 수 있다.

R은 통계분석, 데이터 시각화, 빅데이터 분석 등에 강점을 가지고 있으며 8,000개에 가까운 패키지가 있다. 또한 R은 윈도우(Windows), 리눅스(Linux), 맥(Mac) 등 운영체제(OS: Operating System)에 관계없이 작동되는 장점이 있으며, 도움말 기능도 잘 되어 있다.[22]

좋은 제도를 통해 교육의 장을 만들어 준 고용노동부에 감사드린다. 아울러 카페트가 깔린 멋진 공간을 만들어 교육사업을 하시는 에이콘 아카데미의 박찬영 원장님께 감사드리며, 관리를 맡아

---

22) 『R과 함께한 데이터 여행』 이부일 외 지음. 서울 2016. 경문사. 3쪽.

고생하신 조은미 매니저 님께도 감사함을 전한다.

그리고 SQL을 가르쳐 주신 양현수 선생님께 감사드리고, R과 파이썬, 딥러닝, 우분트 등을 가르쳐 주신 구정은 선생님께 감사드린다.

구정은 선생님의 격려가 없었다면 아마 이 책은 미완성된 파일로 남아 있었을 것이다.

끝으로 같은 반 친구들에게 고맙다는 인사를 하고 싶다. 저자와 나이차가 있었음에도 개의치 않고 지낸 친구같은 동생들에게 감사드린다. 모두 사회의 빛과 소금이 되리라 믿는다.

처음 학원에 왔을 때는 언제 이 많은 것을 배우나 싶었는데, 막상 수료가 코앞에 다가오니 이제는, 언제 이 많은 것을 배웠나 하는 생각이 든다.

자동차 면허증을 땄다고 바로 시내와 고속도로에서 내 마음껏 운전할 수 있는 것이 아니듯, 학원 수료가 곧 빅데이터 과학자와 인공지능 전문가를 뜻하지는 않을 것이다. 하지만 이제 한 계단 올라섰으니, 다음 계단을 향해 열심히 전진하리라고 다짐하며 줄인다.

2018년 6월 하순
김포 통진도서관에서
저자 삼가 씀

민서희 Min. Seo-Hee

경희대학교 경영대학원에 재학 중이다. 그는 존재 · 과학 · 언어 등에 관심을 가지고 글을 쓰고 있으며, 제4차 산업혁명시대를 맞이하여 인공지능 · 빅데이터 등으로 점차 영역을 넓히고 있다.

지은 책으로는 『예수는 처녀생식으로 오지 않았다』, 『조선 4대 전쟁과 의천검』, 『언어식으로 본 영어』 등이 있다.